AF283650

Artesanía con cerámica y madera. VICF002PO

Eva Gómez Moreno

Artesanía con cerámica y madera. VICF002PO
© Eva Gómez Moreno

1ª Edición

© IC Editorial, 2025

Editado por: IC Editorial
c/ Cueva de Viera, 2, Local 3
Centro Negocios CADI
29200 Antequera (Málaga)
Teléfono: 952 70 60 04
Fax: 952 84 55 03
Correo electrónico: iceditorial@iceditorial.com
Internet: www.iceditorial.com

IC Editorial ha puesto el máximo empeño en ofrecer una información completa y precisa. Sin embargo, no asume ninguna responsabilidad derivada de su uso, ni tampoco la violación de patentes ni otros derechos de terceras partes que pudieran ocurrir. Mediante esta publicación se pretende proporcionar unos conocimientos precisos y acreditados sobre el tema tratado. Su venta no supone para **IC Editorial** ninguna forma de asistencia legal, administrativa ni de ningún otro tipo.

Reservados todos los derechos de publicación en cualquier idioma.

Cualquier forma de reproducción, distribución, comunicación pública o transformación de esta obra solo puede ser realizada con la autorización de sus titulares, salvo excepción prevista por la ley. Diríjase a CEDRO (Centro Español de Derechos Reprográficos) si necesita fotocopiar o escanear algún fragmento de esta obra (www.cedro.org).

Según el Código Penal, el contenido está protegido por la ley vigente que establece penas de prisión y/o multas a quienes intencionadamente reprodujeren o plagiaren, en todo o en parte, una obra literaria, artística o científica.

ISBN: 978-84-1184-667-7
Depósito Legal: MA 475-2025

Impresión: PODiPrint
Impreso en Andalucía – España

Nota de la editorial: IC Editorial pertenece a Innovación y Cualificación S. L.

Especialidad formativa

Se entiende por especialidad formativa la agrupación de contenidos, competencias profesionales y especificaciones técnicas que responde a un conjunto de actividades de trabajo enmarcadas en una fase del proceso de producción y con funciones afines.

Las especialidades formativas de Uso General, Formación Complementaria, Formación Modular y las especialidades formativas dirigidas a la obtención de certificados de profesionalidad se incluyen en el Fichero de Especialidades del Servicio Público de Empleo Estatal para su gestión en todo el territorio nacional por cualquier Administración competente.

Las especialidades complementarias, pertenecen todas a la Familia profesional de Formación Complementaria (FCO) y tienen la consideración de formación transversal en áreas que se consideran prioritarias tanto en el marco de la Estrategia Europea para el Empleo y del Sistema Nacional de Empleo como en las directrices establecidas por la Unión Europea. Se consideran áreas prioritarias las relativas a tecnologías de la información y la comunicación, la prevención de riesgos laborales, la sensibilización en medio ambiente, la promoción de la igualdad, la orientación profesional y aquellas otras que se establezcan por la Administración competente.

Las especialidades de Certificado de profesionalidad tienen una duración especificada en su normativa reguladora.

En el resultado de la búsqueda, se muestran las unidades de competencia, todos los módulos formativos con su duración y las unidades formativas del certificado correspondiente, con su duración. Las horas del certificado, exclusivo de las especialidades de certificado de profesionalidad, con alta igual o superior a 2008, son las horas totales más las horas del módulo de Prácticas Profesionales no Laborales.

- **Si la especialidad tiene unidades formativas,** las horas totales, presencial, distancia, teleformación serán igual a la suma de esas horas de las unidades formativas de los distintos módulos, sin que se repita ninguna Unidad formativa.

● **Si la especialidad no tiene unidades formativas,** las horas totales, presencial, distancia, teleformación serán igual a las sumas de esas horas de los módulos formativos, eliminando las horas de los módulos repetidos.

https://sede.sepe.gob.es/especialidadesformativas/RXBuscadorEFRED/BusquedaEspecialidades.do

(Fuente: Servicio Público de Empleo Estatal)

Índice

OBJETIVOS GENERALES

Los objetivos generales del **VICF002PO. Artesanía con cerámica y madera,** son los siguientes:

- Elaborar productos artesanales con cerámica y madera.
- Conocer las oportunidades, vías de desarrollo y posibles contextos de un proyecto basado en la artesanía.
- Conocer los materiales, herramientas y metodología implicada en la creación de productos de cerámica.
- Identificar las características de la madera, las herramientas y técnicas que se emplean para su trabajo.
- Definir los aspectos relacionados con el producto y su venta.

Introducción general a la artesanía

Contenido

Objetivos

El objetivo general de esta Unidad de Aprendizaje es:

→ Conocer las oportunidades, vías de desarrollo y posibles contextos de un proyecto basado en la artesanía.

Los objetivos específicos de esta Unidad de Aprendizaje son:

→ Diferenciar las diversas áreas de emprendimiento dentro del marco rural.

→ Considerar como oportunidades de desarrollo laboral tanto las nuevas actividades económicas como las actividades tradicionales.

→ Adquirir una visión general de productos posibles derivados del desarrollo de la actividad artesanal.

1. Introducción

En el mundo actual, la tecnología domina todos los procesos. En el inicio del camino hacia la tecnificación, quedaron relegados los procesos manuales. Hoy día, hemos llegado a un punto en el que miramos atrás y valoramos las características y cualidades de estos productos que no encontramos en los artículos que nos ofrece la industria moderna. Se produce así, de unos años a esta parte, una revalorización de los artículos manufacturados, tanto por su valor patrimonial etnográfico como por su propio potencial de competencia.

En la presente unidad veremos cómo la práctica del quehacer artesano puede entrar en juego y desarrollarse como actividad económica en el mundo rural. Nos basaremos en la historia de una joven pareja que, en busca de una casa más grande y una vida más saludable, decide cambiar la ciudad por el campo y poner en marcha un taller de cerámica con posibilidad de alojamiento.

2. Diversificación de tareas en el medio rural

☞ HILO CONDUCTOR

Mario y Sara son pareja y han decidido ser padres. Cansados del alto precio del alquiler de su vivienda, de la pésima calidad del aire y la falta de espacios verdes en su ciudad, deciden trasladar su residencia al medio rural, donde pretenden que su hij@ crezca en un entorno más verde y saludable. Barajan la opción de alquilar una casa con habitaciones de sobra para albergar a viajeros y un espacio para hacer piezas de cerámica.

Cuando hablamos de **diversificación de tareas en el medio rural,** nos referimos a las actividades e iniciativas emprendidas para generar modelos de negocio, productos o servicios diferentes a los que hasta el momento eran su principal ocupación. Normalmente y hasta no hace mucho, la base principal de la economía en los núcleos rurales era la industria agrícola y ganadera.

Ahora, otras formas de economía se abren paso frente a la tradición agrícola y ganadera.

Agricultura y ganadería han sido la base de la economía en el medio rural.

En los últimos años, varios factores han incidido en una necesidad urgente de **replantear nuestra forma de vida y de consumo.** Las crisis a nivel mundial en pilares fundamentales de nuestro día a día han generado la necesidad de volver a mirar al campo tras décadas de un casi olvido. Si en los años 60 se iniciaba una emigración masiva a las ciudades en busca de oportunidades, en el siglo XXI las consecutivas crisis de diversa índole (energética, económica, inmobiliaria, etc.), e incluso la pandemia de 2019, han motivado un cambio de paradigma y está posicionando al mundo rural como una alternativa real y factible a la vida en las ciudades.

Ahora bien, la vida en el medio rural no es una tarea sencilla y **adaptar estas áreas a las necesidades actuales** de la población requiere de inversiones y del compromiso de las administraciones. Se hace necesaria la incorporación y adaptación de **infraestructuras y el acceso a la tecnología.** En definitiva, una respuesta de atención para dotar a los núcleos rurales de las herramientas y medios necesarios para su subsistencia.

En la tarea de hacer posible y económicamente viable la vida en el medio rural, la diversificación de tareas se ha convertido en una vía fundamental para garantizar la pervivencia. La búsqueda de motores que activen la economía de estas zonas, más allá de las actividades relacionadas con la agricultura y la ganadería, se ha convertido en los últimos años en el objetivo de entidades regionales, nacionales y de ámbito europeo.

El interés por activar la economía de las zonas rurales tiene como objetivos actuar **contra la despoblación,** frenando la emigración hacia las zonas urbanas, **fijar a los ya establecidos,** y actuar como reclamo ofreciendo **oportunidades a nuevos residentes.** Con la vista puesta en lograr este objetivo surge hace más de dos décadas una iniciativa por parte de la Unión Europea basada en la metodología LEADER, **la Red Europea de Desarrollo Rural (REDR).** A través de los **grupos de acción locales (GAL)** se estudian, proponen y desarrollan proyectos en distintas áreas:

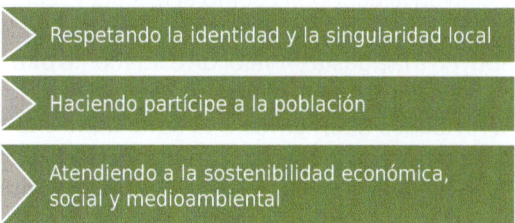

> Respetando la identidad y la singularidad local

> Haciendo partícipe a la población

> Atendiendo a la sostenibilidad económica, social y medioambiental

 SABÍAS QUE...

LEADER es un método de desarrollo local que lleva más de 20 años trabajando en distintas regiones a nivel europeo y que hace partícipes a los actores locales en el diseño y la puesta en marcha de estrategias para el desarrollo de sus zonas rurales. Fueron pioneros en usar conceptos como *gobernabilidad, procesos participativos* y *transparencia.*

3. Desarrollo de nuevas actividades económicas y recuperación de antiguos oficios como alternativa económica

👉 HILO CONDUCTOR

Tras contactar con distintos Grupos de Acción Local y estudiar varios municipios, han decidido y encontrado el lugar idóneo. La presencia de un roble milenario en el pueblo atrae a visitantes y curiosos los fines de semana. Entre semana, además de tener a la venta sus cerámicas, deciden ofrecer cursos y talleres para enseñar a hacer cerámica a grupos diferenciados de niños y adultos.

La búsqueda de soluciones a los problemas relacionados con la pervivencia en el medio rural ha llevado tanto al desarrollo de nuevas actividades que generen y activen la economía como al rescate y recuperación de antiguos oficios. Esta última opción, además de evitar el olvido de tradiciones milenarias, contribuyen a la puesta en valor de estos como **patrimonio etnográfico.**

Entre las actividades alternativas a la agricultura y la ganadería aparecen en escena las relacionadas con las **energías renovables** (eólicas, solar), el **turismo,** la **ecoalimentación,** el arte y **artesanía, educación-formación** (granjas escuela, talleres, etc.) **salud y bienestar** (centros de yoga, meditación, masajes, baños, etc.).

Entre todas estas actividades, es sin duda la apuesta por el turismo la que por su diversidad de público, versatilidad y transversalidad de los beneficios que reporta tiene más aceptación y se pone más en práctica.

Según los datos recogidos por el Observatorio de Turismo rural, cuando un alojamiento de turismo rural se pone en funcionamiento aumenta la probabilidad de que surjan más actividades similares en su entorno, bien sean alojamientos, bares y restaurantes, empresas de actividades y comercios varios.

El público es tan diverso como sus intereses. Son muchos los motivos que pueden poner en marcha la visita a un lugar concreto, además del puro placer de viajar y conocer sitios nuevos. Hay causas y eventos localizados que justifican el desplazamiento. Algunos ejemplos de tipo de turismo son:

- **Ornitológico:** tiene su público en los interesados por el mundo de las de aves y su avistamiento.

- **Enológico:** amantes del vino y de su proceso de fabricación. Visitan bodegas, plantaciones, etc.
- **Gastronómico:** los productos locales pueden ser un excelente reclamo turístico. Platos elaborados con productos de temporada, cocina tradicional o alta cocina son buscados como experiencias puntuales.
- **Patrimonial:** por herencia histórica o creadas por la naturaleza, los lugares albergan tesoros atractivos para el visitante. Arquitectura, arte y monumentos, así como formaciones o zonas singulares de la naturaleza, son motivos de desplazamiento. Plazas, monasterios o fuentes, junto a paisajes pintorescos o árboles milenarios son reclamos excepcionales e identitarios de cada localidad.
- **Cultural:** en busca de una experiencia cultural, en forma de conciertos, exposiciones, festivales temáticos, cine, centros de interpretación, certámenes literarios, etc.
- **Activo, deporte y aventura:** los amantes de la naturaleza y de la adrenalina buscarán retos al aire libre, en entornos naturales. Buscan hacer senderismo, kayak, escalada, tirolinas, tiro con arco, juegos de orientación, *paddle surf,* espeleología, etc.
- **Salud y retiros:** como contrapunto a la ajetreada vida moderna, las actividades que nos ayudan a relajarnos y a mejorar la salud física y mental van en aumento. Cada vez son más quienes buscan retiros espirituales en lugares tranquilos y apartados, prácticas de autoconocimiento, yoga, taichí, *chi kung,* balnearios, masajes, etc.
- **Formativos:** el aprendizaje y la formación también tienen su público. Talleres, cursos y seminarios mueven a un público ávido de adquirir o ampliar conocimientos sobre cualquier disciplina.

 TAREA 1

Ruth y Ángela han decidido pasar del viernes al domingo en un pueblo de la sierra. Piensa qué tres actividades pueden darse en este pueblo que les haya hecho desplazarse expresamente y permanecer allí.

Posibles soluciones: Hacer ruta de senderismo, asistir a un ciclo de conciertos de *jazz*, hacer un curso de recolección de setas, un concurso de gastronomía, la romería de la patrona del pueblo, darse unos baños con masajes relajantes, oír la berrea del ciervo, etc.

ACTIVIDAD COMPLEMENTARIA

1. Investiga y elabora una lista con los pros y los contras que puede tener para una pequeña localidad la llegada de actividades relacionadas con el turismo rural.

En cuanto a la recuperación de oficios, la actividad artesanal también ofrece gran diversidad de posibilidades. Su práctica puede enfocarse desde la recuperación tradicional del oficio en su forma más ortodoxa hasta la más compleja fusión con el diseño y la estética actual.

En un mundo cada vez más tecnológico, muchos oficios, tareas y trabajos tradicionales van dejando de ser útiles. Al abandonarse poco a poco su práctica, van cayendo en el olvido (algunos incluso se encuentran al borde de su desaparición). La aparición de nuevos materiales y maquinaria ha hecho que algunos oficios sean vistos hoy día como innecesarios, incluso como una rareza. Más allá de que existan formas más rápidas de producir materiales más modernos, existe una cualidad de **autenticidad y de exclusividad** indiscutible en ellos. Si a esto sumamos la posibilidad de la **personalización** adaptada al cliente, tenemos en muchos oficios artesanos una actividad competente capaz de cubrir ciertos nichos de mercado que escapan a la producción masiva.

Estas cualidades son las que hacen que se mantengan y sobrevivan, pues se presentan como **artículos atractivos y de valor, únicos,** ante los nuevos usuarios que buscan calidad y originalidad al margen de las megaproducciones industriales.

Muchos de estos oficios están vinculados al mundo rural a razón de sus orígenes (alfarerías, cestería, mimbre, etc.), pues contaban en este medio con un marco idóneo para su desarrollo, por la cercanía y acceso a la materia prima. Hoy día es posible desarrollar actividades artesanales desde cualquier parte gracias a la facilidad con la que podemos adquirir y recibir los materiales y herramientas que nos sean necesarias desde cualquier punto del planeta. Aun así, lo más lógico y sostenible, y por lo que apuestan cada vez más artesanos, es por **el uso de materias locales,** lo que se considera además un **valor añadido.**

Tristemente no todos los oficios antiguos tienen la suerte de ver la posibilidad de alargar su existencia y permanencia en nuestros días. De hecho, lo hacen con mayor garantía los que dejan una mercancía, un producto manufacturado. Algunos oficios como **pregonero** o **lañador** son ya una reliquia mantenida como curiosidad, no como medio de vida. Los oficios se aprendían con años de experiencia, se pasaba de aprendiz a maestro, de generación en generación; la competencia contra los nuevos materiales y la producción industrial se traduce poco a poco en una falta de relevo generacional que los extingue. Fueron oficios: amolador, zahorí, lañador, matarife, pelaire, colchonero, cenachero, etc.

 TAREA 2

Nicolás ha decidido contactar con los artesanos de la comarca donde vive con intención de hacer una cooperativa. Además de los ya vistos, ¿qué otros oficios podría encontrar? Añade tres oficios artesanos más a la lista.

Como fruto de un creciente interés en la recuperación y conservación de antiguos oficios, de un tiempo a esta parte se celebran **ferias y eventos** que facilitan su difusión. También se han creado museos de oficios antiguos y vida rural en diversos municipios por todo el país. Mercados artesanales, ferias medievales y asociaciones o museos temáticos velan así por la continuidad y la dignidad de estos oficios y quienes lo practican.

4. Diversificación de productos

☞ **HILO CONDUCTOR**

Mario y Sara, recién llegados al valle, han decidido contactar con otros artesanos de locales y de aldeas cercanas, con el fin de conocerse y establecer posibles lazos que favorezcan a todos. La idea es elaborar un folleto-mapa con el que los visitantes podrán realizar una ruta completa por los distintos talleres de la comarca. Han clasificado a los artesanos hallados según las tareas que desarrollan y la materia prima que utilizan.

La producción artesanal puede ser muy amplia. Podemos englobarla dentro de distintas **categorías,** según la materia prima empleada en su elaboración:

⊃ **Cerámicas:** son objetos fabricados con **barro y cocidos** en hornos especiales. Dependiendo del tipo de barro empleado y la técnica, se cuecen desde 900 °C de la terracota hasta los 1.350 °C de refractarios y porcelanas, pasando por la loza alrededor de los 1.000 °C, o el gres, que cuece a 1.260 °C. Principalmente se elaboran piezas de carácter utilitario, decorativo. Se ha hecho un hueco en las galerías de arte como arte contemporáneo y moderno.
Productos: maceteros, platos, cuencos, jarras, teteras, tazas, murales, buzones, zócalos, mosaicos, azulejos, esculturas, etc.
Textil: productos elaborados con fragmentos, hebras, filamentos o pelos que proceden de plantas, animales o minerales. En el caso de las plantas derivan del tallo, las semillas, la cáscara como la del coco. De animales se hacen hilos y madejas, como por ejemplo de lana, y los minerales derivan de silicatos y silicios. En la época actual se encuentran también fibras semisintéticas o sintéticas (creadas con derivados del petróleo).
El artesano mediante, el tejido de estas materias primas con diversas técnicas y sistemas, consigue las formas más diversas y da lugar a útiles y objetos decorativos y textiles.
Según de dónde procedan las fibras distinguimos entre:

  ◊ **Fibras vegetales:** esparto, mimbre, lino, ágave, algodón, cáñamo, yute, sisal, etc.
  ◊ **Fibras animales:** gusano (seda), oveja (lana), conejo (angora), cabra (cachemira), etc.
  ◊ **Fibras minerales:** de vidrio, cobre, oro, plata, acero inoxidable, etc.

Productos: van desde la vestimenta al mobiliario y la decoración, salvamanteles, techos, sombrillas, sillas, mesas, cestas, alfombras, prendas de vestir, alpargatas, manteles, hamacas, etc.

➲ **Forja y metal:** productos fabricados con metales, principalmente hierro, aluminio, estaño, cobre, bronce y aleaciones de hierro, como hierro corten, acero inoxidable y acero, en sus diferentes formas de presentación (alambre, varilla, chapa, lingote, barras, etc.). Aplicando distintas técnicas de corte y de unión por soldaduras o forjando a golpe de martillo y yunque en la fragua, el herrero transforma la materia prima en producto terminado.

Encontramos productos utilitarios y decorativos, así como utilizados en arquitectura y como componentes de la propia industria.

Productos: estructuras para construcción, rejas, escaleras, balcones, farolas, bancos, puertas y ventanas, barandillas, apliques, candelabros, joyería, calderos, etc.

➲ **Madera:** con materia prima procedente de distintos árboles y arbustos, los ebanistas y carpinteros realizan trabajos de muy diversa índole. Mientras los primeros se dedican más a la fabricación de muebles que pueden ir combinados con otras técnicas, como trabajos de marquetería, pirograbado, torneado y la talla, los segundos realizan trabajos más diversos y estructurales. El corte y ensamble de piezas son las técnicas principalmente usadas para creaciones que van desde muebles a barcos o artesonados. También se desarrollan trabajos más artísticos como escultura y joyería.

Existe una variedad enorme de tipos de madera y formas de presentación en el mercado, desde listones y tableros naturales y macizos a contrachapados y elaborados con viruta prensada. Las maderas empleadas se eligen según su finalidad y presupuesto. Algunos ejemplos de maderas empleadas: pino, haya, fresno, abedul, olivo, cerezo, boj, ébano, roble, etc.

Productos: pendientes, juguetes, cucharones, todo tipo de muebles y armarios, ventanas y puertas, estructuras arquitectónicas, pérgolas, suelos, techos, esculturas, etc.

➲ **Piedra:** el arte de labrar la piedra tiene distintas finalidades y técnicas. Mientras el cantero labra y corta bloques de piedra de manera que pueda usarse en construcciones, el tallista realiza un trabajo de labrado que puede llegar a ser muy minucioso y detallista. El uso de los productos en piedra van desde la piedra de sillería para construcción, hasta pequeñas piezas de joyería. La técnica tradicional con maza y cincel se ha modernizado con el uso del martillo neumático, agilizando así un proceso que podía ser extenuante. Entre algunas de las piedras más utilizadas encontramos el mármol, el granito, el alabastro, el cuarzo, la arenisca, etc.

Productos: lápida funeraria, esculturas, objetos decorativos, lavabos, encimeras, pavimentos, mosaicos, muros, escudos, gárgolas, fuentes, revestimientos, etc.

- **Vidrio:** el trabajo con cristales se aborda desde distintas técnicas. Si antiguamente los trabajos en arte vitral estaban muy vinculados a la arquitectura y particularmente a la iglesia, por su uso en catedrales y edificios de importancia, hoy día su uso es mucho más extenso y se realizan además de objetos utilitarios sobre todo en cocina y baños a objetos decorativos y artículos de joyería. Para algunas se requieren hornos que alcanzan altas temperaturas.

  Técnicas para trabajar el vidrio: existen diferentes técnicas, tanto para el conformado como para la decoración. Cada una de ellas aporta al trabajo un resultado final característico:

  - **Vidriera emplomada o *tiffany:*** consiste en soldar piezas piezas de vidrio con plomo, estaño o cobre.
  - **Soplado de vidrio:** da forma cuando este se encuentra al rojo vivo.
  - ***Fussing:*** une piezas de vidrio mediante calor.

  Se trabaja con vidrio de distinta dureza, laminado, templado. En cuanto a los acabados y terminaciones, van desde la pintura al grabado con ácido o con abrasión con arenas.

  Productos: ventanales, mamparas, estantes, lavabos, jarrones, vajilla, espejos, joyería, etc.

- **Piel y cuero:** el arte de la marroquinería se ha adaptado a las nuevas tendencias. Si bien antiguamente solo había opción de realizar artículos con pieles procedentes de animales, hoy día se encuentran también imitaciones y pieles sintéticas de similar aspecto y que responden a un consumidor que no quiere productos que deriven de la explotación animal, también llamados *cruelty-free* o ecoamigables, que garantizan la procedencia de fuentes controladas.

  Calzados, accesorios de moda y objetos de decoración son los productos creados mediante el corte de patrones y cosido al que se le aplican distintos acabados.

  Productos: mochilas, calzado, bolsos, cinturones, monederos, pulseras, cuadros, lámparas, banquetas, alfombras, cojines, etc.

- **Joyería-bisutería:** realizan adornos personales y complementos, piezas con metales y piedras preciosas en el caso de la joyería; o con abalorios de materiales diversos, cuentas sintéticas y metales no preciosos como aluminio, latón o bronce, en el caso de la bisutería.

  Productos: collares, pendientes, brazaletes, coronas de novia, pulseras, gemelos, anillos, etc.

- **Lutheria:** es el arte de construir instrumentos musicales de cuerda. La lutería o ludería (proviene de laúd) también abarca el ajuste y la reparación de instrumentos.

  Productos: guitarras, violines, laúdes, contrabajos, violas, mandolinas, etc.

Actualmente la tradición convive con la innovación y el diseño. Muchas de estas disciplinas, aunque se siguen realizando de forma totalmente tradicional, han sido revisadas por los nuevos creadores artesanos. Con la actualización de patrones y diseños han logrado productos artesanales renovados, de estética más actual y más atractivos a los consumidores de hoy en día. Finalmente, la práctica del buen hacer tradicional y la adaptación a los nuevos gustos y tendencias es el pasaporte hacia la supervivencia de muchas de estas prácticas ancestrales.

 **APLICACIÓN PRÁCTICA**

Vanesa talla madera y se ha especializado en la realización de bastones de *trekking*. Quiere montar una tienda-taller y ofrecer también sus productos por internet. ¿Qué aspectos debería tener en consideración a la hora de ubicar su negocio? ¿Qué factores pueden beneficiarle y cuáles debe tener en cuenta para que su proyecto funcione?

Solución (Posible solución)

Elegir una zona que sea punto de partida, de paso o final de rutas de senderismo de interés. La presencia de algún alojamiento rural que albergue a viajeros, algún bar o restaurante donde los senderistas desayunen o paren le sería muy beneficioso. Elegir una zona con algún atractivo natural concreto o lugar de práctica deportiva, que atraería a amantes de la naturaleza que apreciarían su producto.

Vanesa puede contactar con los grupos de acción local de su zona para pedir ayuda y recabar información sobre tipos de negocios existentes en la zona.

5. Resumen

La artesanía es una oportunidad de empleo que puede desarrollarse en el medio rural. Además de mantener el patrimonio etnográfico y cultural, ofrece productos de calidad y servicios que no son cubiertos por los procesos industriales.

La valorización de estos productos cuenta actualmente con agentes gubernamentales y asociaciones, locales o estatales, que velan por su pervivencia, ofreciendo ayudas, formación, información, y ayudando a su visibilidad.

En la práctica actual de la artesanía conviven tradición y modernidad. Aunque muchas modalidades se siguen realizando como antaño, algunas prácticas artesanas se han adaptado a los nuevos tiempos, renovando su apariencia y adaptándose a nuevas necesidades y gustos. Tradición y diseño forman un tándem idóneo para mostrarse atractivos y competitivos ante el consumidor.

Los artículos derivados de la actividad artesanal pueden ser muy diversos. Según su naturaleza podemos agruparlos como productos textiles, cerámicos, de vidrio, marroquineros, de piedra, madera, joyería, etc.

Ejercicios de autoevaluación
Unidad de Aprendizaje 1

1. Indica la opción que no es correcta: La actividad económica en el mundo rural tiene efectos como:

    a. Fijar a los ya residentes.
    b. Hacer que la gente vaya más en bicicleta.
    c. Evita la despoblación.
    d. Atraer a nuevos residentes.

2. Elige la opción correcta:

Las acciones emprendidas en el medio rural por los grupos de acción local se hacen siempre:

    a. Respetando las distancias entre localidades.
    b. Respetando la identidad local.

3. Determina si la siguiente oración es verdadera o falsa: "El método LEADER lleva más de veinte años actuando en entornos rurales".

    ■ Verdadero
    ■ Falso

4. Cuando hablamos de diversificación de tareas en el medio rural, nos referimos...

    a. ... a la necesidad de generar más espacio a la ganadería.
    b. ... al reparto del trabajo equitativo entre los habitantes de la localidad.
    c. ... a las actividades e iniciativas para generar nuevos modelos de negocio.
    d. Todas las opciones son incorrectas.

5. Relaciona cada artesanía con su materia prima:

    a. Metal
    b. Cerámica
    c. Fibra vegetal

d. Ebanistería
e. Cuero
f. *Tyffani*

___ Barro
___ Textil
___ Vidrio
___ Marroquinería
___ Madera
___ Forja

6. Determina si la siguiente oración es verdadera o falsa: "A la hora de emprender en el mundo rural hay que elegir entre ganadería o agricultura".

   ■ Verdadero
   ■ Falso

7. Para ayudar a la difusión y recuperación de antiguos oficios se celebran...

   a. ... ferias temáticas y eventos.
   b. ... fiestas rurales.
   c. ... congresos.
   d. Todas las opciones son correctas.

8. Señala la opción que no corresponde:

   Entre las actividades alternativas a la agricultura y la ganadería aparecen en escena las relacionadas con...

   a. ... la ecología.
   b. ... la informática.
   c. ... la salud y el bienestar.
   d. Todas las opciones son incorrectas.

9. Indica qué concepto sobra:

La artesanía ofrece al cliente...

      a. ... un producto único.
      b. ... un producto personalizable.
      c. ... un producto industrial.
      d. ... un producto exclusivo.

10. Determina si la siguiente oración es verdadera o falsa: "El uso de materiales locales es un valor añadido al producto".

    ■ Verdadero
    ■ Falso

Cerámica

Contenido

Objetivos

El objetivo general de esta Unidad de Aprendizaje es:

→ Conocer los materiales, herramientas y metodología implicada en la creación de productos de cerámica.

Los objetivos específicos de esta Unidad de Aprendizaje son:

→ Distinguir los distintos tipos de arcilla y otras materias primas.

→ Elegir materiales adecuados a cada tipo de proyecto.

→ Adquirir conocimiento sobre el comportamiento y transformación de los materiales cerámicos.

→ Distinguir entre tipologías de hornos y tipos de cocción.

→ Conocer métodos de conformado manual y mecánico.

→ Diferenciar técnicas decorativas aplicadas en crudo y en bizcocho.

→ Referenciar históricamente hitos de la actividad cerámica en España.

1. Introducción

El término *cerámica* hace referencia a los objetos elaborados con arcilla y sometidos a la acción del calor hasta conseguir su endurecimiento. Íntimamente ligada al desarrollo de diferentes culturas, su uso extendido y generalizado podemos situarlo alrededor del Neolítico, hace unos 10.000 años. Desde entonces hasta hoy permanece inmutable y vigente. Desde el carácter eminentemente utilitario de sus orígenes hasta el puramente estético-plástico en el arte moderno y contemporáneo, la cerámica acompaña al ser humano en su desarrollo. Es un arte versátil que sigue reinventándose y adaptándose a los tiempos sin perder su esencia: tierra + agua + fuego.

En la presente unidad veremos los materiales y herramientas involucrados en la manufactura cerámica, así como las técnicas de conformado de piezas y el proceso de transformación que les lleva a dejar de ser objetos de barro y convertirse en creaciones cerámicas. Para ello nos basaremos en experiencias del taller de cerámica de Mario y Sara, llamado El Taller.

2. Concepto de cerámica

 HILO CONDUCTOR

El Taller quiere ofrecer a sus clientes artículos confeccionados o decorados con barros de la zona. Para ello van a crear una línea de objetos utilitarios de cocina (platos, teteras y tazas) y otra de objetos decorativos (lámparas y jarrones). Dedicarán un tiempo a explorar el terreno y tomar muestras del suelo para ver resultados cuando pasen por el horno.

La temperatura afecta a la composición de la arcilla. Consideramos que un artículo hecho de arcilla es ya cerámico cuando ha sido expuesto a temperaturas alrededor o superiores a los **700 ºC**. Esta exposición se logra mediante hornos especialmente diseñados para la cocción de cerámica.

En el proceso de horneado, la arcilla pierde totalmente el agua y sufre una transformación química en su composición que la lleva de ser físicamente un objeto frágil y quebradizo, a uno duradero y resistente, al que llamamos **cerámica.**

SABÍAS QUE...

El descubrimiento de la cerámica resultó fortuito y fruto de la observación. Puede que repararan que en la zona donde hacían fuego la tierra quedaba endurecida y esto les diera la idea de someter objetos modelados en arcilla a las llamas intencionadamente. Supuso una auténtica revolución en el Neolítico, comparable al uso de internet en nuestros días.

En sus orígenes, la cerámica tenía un uso eminentemente práctico y utilitario, para alimentación y almacenamiento, y uso funerario-ritual. Pero pronto también desarrolló un papel fundamental como objeto de comunicación, pues representaba mediante el estilo decorativo distintivos explícitos de sus propias culturas, revelando sus gustos, sus costumbres, sus dioses, etc.

La cerámica griega es un magnífico ejemplo de relato de vida social y religioso.

En cerámica se elaboran tanto artículos destinados al uso práctico como puramente artísticos. Los productos cerámicos tienen muy diversas aplicaciones:

- **Utilitarios alimentación y almacenamiento:** vajillas, platos, tazas, teteras, jaboneras, fruteros, etc.
- **Arquitectura y elementos de uso en construcción:** ladrillos, suelos, tuberías, tejas, pozos, murales, tondos, buzones, bañeras, lavabos, váteres, etc.

- **Sanidad** (realizado por especialista): piezas dentales, elementos quirúrgicos, etc.
- **Joyería:** pendientes, collares, abalorios, colgantes, etc.

 TAREA 3

Mónica ha decidido que quiere regalar a su hermana una taza de cerámica para el café del desayuno con su nombre. Ha comprado arcilla y ha modelado la taza con la forma deseada. Piensa cocerla en el horno de casa, que alcanza 200 °C. ¿Crees que tendrá éxito? ¿Por qué?

3. Cerámica en España

 HILO CONDUCTOR

Atendiendo al hallazgo hace décadas de una escultura íbera en la zona, Sara y Mario han decidido que van a inspirar algunos de sus diseños en esta cultura. Para ello, estudian las formas y la decoración característica de vasijas usadas en el pasado por los íberos, así podrán innovar y crear después sus propios diseños.

La actividad cerámica en España ha estado presente y está documentada, desde la prehistoria hasta nuestros días. Gracias a la resistencia y durabilidad del material cerámico tenemos vestigios y podemos conocer más de las culturas que nos precedieron. La cerámica producida en cada momento de la historia revela gran cantidad de datos de sus productores y es, por tanto, un elemento muy valioso en el campo de la arqueología.

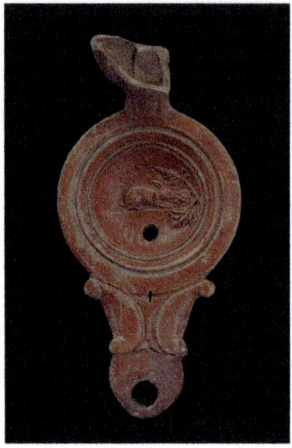

Lucerna romana con decoración
sigilatta (sellada)

Iglesia de San Martín en Teruel.
Arquitectura mudéjar con cerámica
vidriada. Siglo XIV

En un rápido recorrido histórico, vamos a situar culturas, centros de producción o artistas concretos que han destacado en el quehacer cerámico en España.

Época	Centro de producción	Autoría/Cultura
Prehistoria	Almería Toda la península	Los Millares El Argar Vaso campaniforme
Antigüedad	Toda la península	Fenicios Íberos Griegos Romanos
Edad Media	Sevilla Toledo Teruel y Muel (Aragón) Paterna y Manises (Valencia) Barcelona, Reus y Manresa (Cataluña)	Musulmanes Mudéjares
Edad Moderna (siglos XVI-XVI)	Fábrica de porcelana del Buen Retiro (Madrid) Fábrica de Sargadelos (Galicia) Fábrica de La Cartuja (Sevilla) Fábrica de Pasajes (Gijón)	Industrial
Reciente (siglo XX)	Antoni Gaudí Llorens Artigas Antoni Cumella	Cerámica de autor

Podemos observar cómo la autoría de la cerámica pasa del anonimato y de ser representativa de un grupo o cultura a la identificación de la fábrica durante la Revolución Industrial y a un posterior individualismo y reconocimiento del autor/artista en la etapa más actual.

Hornos de la fábrica de La Cartuja para fabricación masiva durante la Revolución Industrial

A principios del siglo XX algunos autores de vanguardia como Picasso experimentaron con la cerámica. Fuente: MAXSHOT.PL / Shutterstock.com

Ya en la historia más reciente destacan algunos nombres imprescindibles a la hora de conocer el panorama cerámico nacional, como son Elena Colmeiro, Angelina Alós, Enrique Mestre, Madola, Claudi Casanovas, Rosa Amorós, y muralistas como Arcadi Blasco o Eduardo Andaluz, entre otros muchos.

Interior de la capilla del Santísimo en la catedral de Mallorca. Intervención cerámica de Miquel Barceló realizada entre 2001-2006.

Actualmente en España podemos encontrar tanto fábricas de producción seriada como talleres de producción media o estudios de autor. Tenemos en nuestro país núcleos que han conservado su tradición de pueblos alfareros como Muel, Úbeda, La Rambla o Navarrete, entre otros muchos.

Las ciudades rinden homenaje a su pasado como centros de producción alfarero. Monumentos, esculturas conmemorativas y museos impiden que se olvide la tradición de algunos lugares. Fuente:vali.lung / Shutterstock.com

Trabajos de azulejería vidriada con esmaltes de color en el interior de la Alhambra de Granada

 SABÍAS QUE...

Bernard Leach es una figura clave en el mundo de la cerámica. Revolucionó la cerámica en Europa a principios del siglo XX. Trajo la influencia del arte oriental y el arte zen a Inglaterra. En España, esta filosofía y forma de hacer la vemos en el trabajo de Llorens Artigas.

ACTIVIDAD COMPLEMENTARIA

2. Investiga y elabora una lista con algunas características principales y novedades tecnológicas que se dan en la cerámica durante los siguientes periodos:

- Cerámica del vaso campaniforme
- Cerámica ibérica
- Cerámica musulmana

 ACTIVIDAD COMPLEMENTARIA

3. Investiga cuál es la fuente de inspiración de tres autores de cerámica contemporánea y nombra algún trabajo realizado por ellos.

4. La arcilla

 HILO CONDUCTOR

Paseando por las afueras del pueblo, Sara ha encontrado el cauce de un arroyo. En la orilla ha observado la acumulación de barro seco y agrietado. Recoge una muestra para, una vez en el taller, añadirle agua y ver cómo se comporta. ¿Se podrá tornear? ¿A qué temperatura madurará y de qué color quedará una vez cocido? Estas son algunas de las preguntas que se hace.

La **arcilla** es un compuesto mineral formado por partículas procedentes de la descomposición de minerales de distinta naturaleza, los cuales, al hidratarse, adquieren plasticidad y, por tanto, se hacen modelable.

Origen de distintos tipos de roca

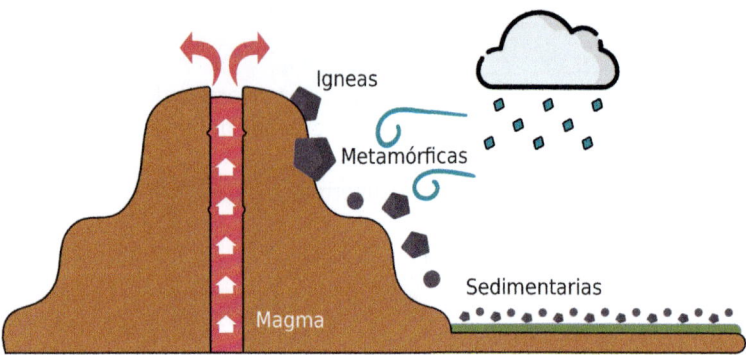

Dependiendo del modo en que se han formado, distinguimos entre tres tipos de rocas:

- **Ígneas:** por solidificación de material fundido llamado magma, procedente del interior de la corteza terrestre. Algunos ejemplos son: cuarzo, mica, basalto, obsidiana, etc.
- **Metamórficas:** por acción del calor, la humedad y la presión se produce su transformación. Ejemplo de este tipo de roca son la pizarra, el mármol, la cuarcita, etc.
- **Sedimentarias:** son el resultado de la compactación de sedimentos de rocas preexistentes, que son fragmentadas, arrastradas y depositadas en forma de capas en lugares distintos a su origen. Algunos ejemplos son: la arenisca, la caliza, el yeso, la lutita, etc.

Cuando los agentes externos actúan sobre las rocas ígneas en su lugar de origen, estas se alteran y forman un nuevo mineral, una sustancia arcillosa llamada **caolinita.**

Desde el punto de vista de la química, una arcilla es un silicato de alumina hidratado. Su fórmula es Al_2O_3 2 SiO_2 2 H_2O.

Según el **tipo de acción geológica** sufrida hablaremos de:

- **Arcillas primarias:** son el resultado del proceso de descomposición de rocas madres. Su principal condición es que han permanecido siempre en el mismo lugar donde se encuentran. La más importante es el caolín.
- **Arcillas secundarias:** los agentes externos que actúan en la superficie de la tierra descomponen la roca madre en fragmentos y partículas que son arrastradas y depositadas en lugares distintos a donde se encontraban. En su tránsito estas partículas se mezclan y el depósito resultante es un compuesto variado de distintos minerales.

Cantera de extracción de caolín, arcilla muy usada para compuestos cerámicos.

 RECUERDA

La arcilla es el producto resultante de la descomposición de rocas sometidas a distintos agentes de transformación geológica:

• Vapor, gases → arcilla primaria = caolín
• Lluvia, viento, curso fluvial → arcilla secundaria o sedimentaria

Concepto

La arcilla la encontramos de forma natural en ciertos parajes. Debido a lo variado de su naturaleza, tendrán distinto comportamiento a la hora de trabajar con ellas. No todas las arcillas se prestan a ser modeladas y horneadas, pues podemos notar que algunas son arenosas, poco o demasiado plásticas, quebradizas, poco compactas, etc.

Estos problemas se pueden corregir mezclando arcillas distintas o añadiendo ingredientes a la mezcla arcillosa, hasta obtener lo que denominamos una **pasta cerámica,** que es una es una mezcla equilibrada de arcillas. Obtendremos así una masa adecuada para la elaboración de productos cerámicos, que debe presentar un comportamiento óptimo durante el proceso de conformado, secado y horneado.

Características de la arcilla

Tres de las principales características de este material son:

- Plasticidad
- Contracción
- Endurecimiento por calor

Masa de arcilla en estado muy plástico. Tras el amasado se podrá utilizar para crear formas.

Plasticidad

Una propiedad que la dota de la dureza de un sólido y la fluidez de un líquido. La cantidad de agua que contenga y el tipo de arcilla marcará el punto límite de su plasticidad.

 DEFINICIÓN

Plasticidad
Es la capacidad de mantener una forma dada al recibir una presión o fuerza, una vez que esta deja de ejercerse.

La clave de la plasticidad de la arcilla se encuentra en sus partículas:

- Por el tamaño.
- Por el tipo de estructura dispuestas en láminas.
- Por la relación eléctrica entre las moléculas de agua y las partículas de arcilla.

Contracción

Al contacto con el aire, la arcilla se seca, porque el agua que contiene la arcilla se evapora. Con la pérdida del agua se produce una reestructuración en las partículas arcillosas, que van acercándose unas a otras hasta llegar a tocarse. Esta aproximación conlleva una mengua en el volumen que llamamos **encogimiento o merma.**

 IMPORTANTE

Necesitamos saber cuánto encoge una pasta si queremos resultados con una medida concreta, pues de lo contrario el trabajo resultante sería más pequeño de lo deseado.

La fórmula del **test de encogimiento** nos permite hacer el cálculo.

Podemos averiguar:

⮑ La merma de estado plástico a seco.
⮑ La merma de estado plástico a cocido.

$$\frac{\text{Medida en estado plástico - Medida en estado seco x 100}}{\text{Medida en estado plástico}}$$

¿Cómo hacerlo?

1. Hacer una placa de 13 cm de largo x 6 cm de ancho y unos 0,8 cm de grosor.
2. Marcar con un punzón una línea recta de 10 cm. Nos servirá de referencia para aplicar las fórmulas.
3. Dejar secar (volteando para evitar deformaciones o con peso encima).
4. Cuando esté totalmente seca, tomar la medida de la línea dibujada de 10 cm.
5. Aplicar la fórmula.

Placa test de encogimiento

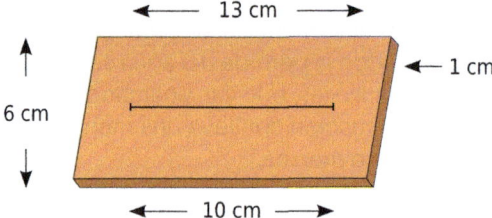

13 cm

1 cm

6 cm

10 cm

Así obtenemos el **encogimiento en seco, pero crudo.** Al elaborar productos cerámicos, el proceso de secado definitivo será en el horno. Por lo que se hace necesario el siguiente cálculo:

Test de encogimiento total y final (tras la cocción)

$$\frac{\text{Medida en estado plástico - Medida después de cocido x 100}}{\text{Medida en estado plástico}}$$

Endurecimiento por calor

Es la cualidad que ha hecho a de la arcilla un elemento resistente y duradero.

Cuando el proceso de secado al aire libre llega a su límite, la arcilla aún conserva agua en su estructura. Es un material frágil, por lo que la forma que se le dé puede deshacerse si se hidrata y volver a tener una masa informe de arcilla. Pero, si continuamos el secado en un horno de cerámica, que alcanza temperaturas mucho más elevadas que las ambientales, se produce un cambio físico y químico en la estructura de la arcilla que la convierte en material resistente, duradero y ya no soluble que llamamos **cerámica.**

Durante el proceso de conformado puede ser necesario el secado parcial de la pieza para poder continuar el trabajo.

Las piezas una vez cocidas en el horno ya son cerámica.

TAREA 4

El taller de cerámica ha recibido el encargo de un mural de cerámica, con el que cubrir un espacio de tres metros por dos de alto en la pared de un restaurante. Para que el resultado se ajuste al hueco destinado al mural, ¿qué cálculos debe aplicar?

Tipos de arcilla

Cada arcilla tiene unas características particulares, dependiendo de su composición, y esta varía dependiendo del lugar y manera en la que se ha originado. Encontramos así **arcillas primarias** y **arcillas secundarias.**

En líneas generales y aproximadamente, podemos hacer una clasificación de arcillas y pastas cerámicas basándonos en diversos criterios, como su composición o la temperatura a la que maduran.

Baja temperatura 800-980 °C	**Arcillas comunes** - Roja - Blanca - Negra	**Puras o decantadas** El color proviene de las impurezas, en su mayoría rojizas por contener óxido de hierro, carbonato de cálcico en blancas, manganeso en las negras. Son muy porosas.
Media temperatura 1.000-1.200 °C	- Loza - Porcelana tierna - Tierra de pipa - Media porcelana - Semigrés	Son arcillas rectificadas con una finalidad. Son blancas, apenas contienen impurezas.
Alta temperatura 1.200-1.400 °C	- Gres (1.200-1.280 °C) - Porcelana - Refractario	Vitrifican y quedan muy poco porosas. Hay presencia de chamota en gres y refractarios.

 **DEFINICIÓN**

Temperatura de maduración

Es en la que la arcilla alcanza el más alto grado de dureza, de resistencia física y mecánica. Por debajo de esa temperatura no desarrolla todo su potencial y por encima puede comenzar a deformarse hasta llegar a fundirse.

Arcilla con mucho contenido en hierro rojo

Pieza de cerámica de baja temperatura cocida a 960 ºC

 TAREA 5

Johanna ha comprado varias pastas de cerámica. Antes de usarlas va a hacer unos test para ver cómo quedan y cómo se comportan. ¿A qué temperatura máxima debe cocer las pruebas si ha comprado gres, porcelana o barro rojo?

Aditivos añadidos a la arcilla

Para realizar un trabajo en cerámica, ya sea de forma manual o de forma mecánica (torno, prensa, etc.), necesitamos que la pasta se comporte y se adapte a nuestras necesidades. Mezclando arcillas entre sí o añadiéndole algunos elementos podemos cambiar sus características y su forma de comportarse.

Las pastas se componen de:

> **Parte plástica (arcillosa):**
> - Arcillas y caolines

> **Parte no plástica (impurezas):**
> - Desengrasantes y fundentes

- ➲ **Elementos plásticos:** son la base y hacen posible su modelado. Arcillas y caolines como la caolinita, la bentonita, la montmorillonita, la illita, etc.
- ➲ **Elementos desengrasantes:** modifican el comportamiento de la arcilla base reduciendo el exceso de plasticidad y aumentando la porosidad. Son desengrasantes:

    - ◑ **El cuarzo:** reduce la contracción durante el secado. Aumenta la refractariedad.
    - ◑ **El talco:** mejora la compactación, la fundencia y la resistencia química.
    - ◑ **Los carbonatos** de calcio y de magnesio, que mantienen la porosidad elevada.
    - ◑ **Las chamotas:** mejoran la resistencia al choque térmico y añaden textura.

- ➲ **Elementos fundentes:** ayudan al fundido y a la cohesión entre las partículas. Por ejemplo, las arcillas con alto contenido en hierro, las fritas molidas, las micas, la cal y los feldespatos, estos últimos aportan alúmina y potasio, sodio o calcio principalmente. También reducen la plasticidad.

Las necesidades varían según el tipo de trabajo. Una pasta con mucha chamota irá bien para esculturas, pero no es indicada para el uso en torno.

Alterando la cantidad y la proporción entre estos elementos se consiguen pastas aptas y adecuadas para el trabajo del ceramista por su comportamiento químico. Además del comportamiento, podemos cambiar la apariencia física de las arcillas modificando su color o la textura.

Para el color podemos añadir óxidos metálicos puros y pigmentos o colorantes cerámicos.

Para la textura podemos, además de usar las chamotas de distinta granulometría, añadir ingredientes orgánicos, que se quemarán durante la cocción como fideos, semillas, celulosa, etc. Se abre aquí un campo para la experimentación y la experiencia.

Tubos para chimenea realizados con arcilla refractaria con mucha chamota. La chamota aumenta la resistencia al choque térmico.

Piezas de vajilla artesanal de acabado elaboradas con material acorde a su uso.

En caso de trabajar con arcilla en estado de barbotina (para hacer coladas en moldes o engobes), se pueden añadir agentes defloculantes que encontramos en forma de polvo o líquido. Son defloculantes el silicato de sodio, el carbonato sódico y el carbonato de bario.

 DEFINICIÓN

Defloculante
Es un aditivo que favorece la dispersión estable de las partículas, evitando que se depositen, se aglomeren y se compacten.

Para hacer piezas con moldes por colada, la barbotina debe estar en su punto perfecto de fluidez, lo que se consigue con defloculante.

APLICACIÓN PRÁCTICA

La arcilla que Sara ha encontrado en el cauce del río se trabaja con dificultad, es demasiado plástica. ¿Cómo podría corregir esto?

Solución

Puede añadir elementos desengrasantes a la arcillla como chamota, cuarzo, talco o carbonato, que rebajan su plasticidad.

Otras bases empleadas en la arcilla

Para lograr arcillas y pastas adecuadas a nuestras intenciones, podemos elegir y crear fórmulas con su composición. Algunas de las bases más empleadas sobre las que se añaden otros componentes son las siguientes:

- *Ball clay,* **también llamada arcilla de bola:** no se utiliza sola, contrae mucho. Color claro.
- **Caolín:** arcilla primaria de gran pureza y color blanco. Es poco plástica y prácticamente imposible de trabajar sola, por lo que se suele mezclar con otras arcillas. Principal componente presente en la porcelana. Es refractaria.

➲ **Bentonita:** surge de la transformación química de la ceniza volcánica. De partícula muy fina y muy absorbente, es extremadamente plástica.

Las arcillas blancas usadas como base para preparaciones cerámicas respetan y hacen destacar más los colores.

 **SABÍAS QUE...**

Lo que compramos como arena absorbente para cama de gatos es bentonita.

5. Materiales y utensilios: equipos empleados

☞ HILO CONDUCTOR

Para hacer más cómodo, práctico y seguro el trabajo en el taller, Mario ha elaborado un plano del espacio del que disponen para decidir qué zonas dedicarán al almacenamiento de material, al reciclaje de arcillas y al trabajo creativo. Esto les ayudará a decidir dónde colocar las estanterías, el fregadero, el horno, la zona de herramientas y cubos, etc. Quieren aprovechar el espacio de la forma más eficiente.

La elaboración de piezas cerámicas puede hacerse usando solamente las manos. A pesar de ello, se han ido incluyendo en el quehacer cerámico distintos elementos y herramientas que facilitan el trabajo y nos ayudan a cumplir objetivos que no alcanzaríamos de otro modo.

Herramientas variadas para el trabajo a mano y a torno

5.1. Herramientas

Es decisión de cada ceramista la cantidad y variedad de herramientas que emplea en su trabajo, pues, aunque podría bastar con una simple vara de caña para alisar superficies y una piedra para dar textura, la oferta y variedad en el mercado es amplia y muy extensa, se adapta a las más diversas necesidades específicas. A continuación citamos algunas de estas herramientas:

- **Palillos de modelar:** de madera, por sus diferentes acabados en las puntas tienen múltiples usos. De metal o pinceles con punta de silicona, permiten trabajos de precisión en el modelado.
- **Hilo metálico o de nailon:** para cortar la arcilla y separar piezas del torno.
- **Puncheta:** herramienta de corte.
- **Punzón:** herramienta de marcado.
- **Vaciadores y desbastadores:** restan material a la forma dada, ahuecado de zonas macizas, texturas etc.
- **Retorneadores:** restan material a las piezas en el torno. Tradicionalmente forman las bases y apoyos de las piezas.
- **Riñón metálico, de goma o medias lunas de madera:** para alisado de superficies.
- **Esponjas:** recogen el excedente de agua durante el torneado, Texturan y suavizan superficies.

- ⮑ **Compás de madera o metal:** se usa para tomar medidas y proporciones.
- ⮑ Pinzas de esmaltado: sujetan la pieza durante el esmaltado usando el mínimo contacto posible para no dejar marcas.
- ⮑ **Balanzas y pesos de precisión:** para el peso de materiales.

5.2. Equipamiento

El taller debe contar con zonas y espacios de trabajo adecuados. La distribución debe hacerse teniendo en cuenta tanto el tipo de trabajos y producción que vamos a realizar como la maquinaria, las herramientas y el mobiliario que vamos a utilizar.

El taller debe contar con espacios apropiados para cada parte del proceso. La organización dentro del taller evita riesgos de daños personales y materiales.

Aunque cada taller, según su producción, deberá contar con un equipamiento adecuado, sí que podemos identificar algunos elementos básicos e imprescindibles:

- ⮑ **Superficie de escayola:** para el reciclado de arcilla.
- ⮑ **Mesa de trabajo:** mesa donde desarrollar los proyectos.
- ⮑ **Superficie de escayola:** para el reciclado de arcilla.
- ⮑ **Cubos:** para barro seco, reciclaje.
- ⮑ Botes: para almacenamiento de material diverso.
- ⮑ **Estanterías:** en la medida de lo posible, es práctico diferenciar su uso según el estado del trabajo. Así, tendremos una para piezas en proceso, otras para piezas acabadas que esperan primer horneado, para piezas esmaltadas, etc.
- ⮑ **Horno:** fundamental para finalizar el proceso. Es una decisión muy importante y debe meditarse. La elección debe hacerse atendiendo a múltiples factores que pueden ser condicionantes. Además del precio y el espacio del que disponemos, hay que contar con su envergadura y considerar el tipo de energía que consume en su combustión. En el mercado tenemos hornos de gas y hornos eléctricos, pero también está la posibilidad de construir un horno de leña. El horno necesita su equipamiento interior, como baldas, soportes, etc.

SABÍAS QUE...

Mencionando todas las posibilidades en torno a los hornos de cerámica, cabe decir también que algunos espacios y talleres alquilan sus hornos a externos, con lo que bastaría con llevar las piezas hasta el lugar; eso sí, con el consiguiente riesgo durante el traslado.

Interior de horno bien aprovechado mediante la colocación de soportes y baldas.

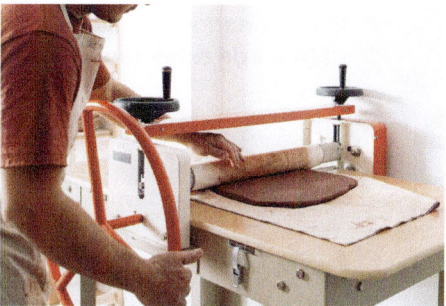

La laminadora transforma la pella de arcilla en planchas planas.

Para **la elaboración manual,** como mínimo el taller debe contar con mesa, tablas, rodillo, palos guía, torneta manual.

La torneta manual se usa tanto para el conformado de piezas como para su decoración.

Los palos guía funcionan de raíles y hacen que el grosor de la plancha sea unitario.

El ceramista también puede contar con herramientas mecánicas para la elaboración de piezas. Es común encontrar en los talleres:

- **Torno eléctrico:** es una torneta con motor y control de velocidad, para la ejecución de piezas por revolución. Suele tener una bandeja para recoger el exceso de agua y ocupa un espacio reducido.
- **Torno de pie:** se acciona por acción de empuje con la pierna del propio alfarero. Voluminoso y sin bandeja de recogida, ha sido sustituido por el eléctrico.
- **Laminadora:** crea láminas de arcilla de grosor regulable. Sustituye al trabajo realizado con rodillos y guías de forma manual.
- **Extrusionadora y galletera:** para prensado y prensado con formas.
- **Cabinas de esmaltado:** para aplicación a pistola de acabados.

Los nuevos tornos eléctricos ocupan poco espacio y han sustituido al torno de pie.

Cada lugar tiene sus formas de hacer. En India es común tornear desde el suelo.

6. Preparación de la arcilla para trabajar

 HILO CONDUCTOR

A Sara le ha parecido buena idea hacer el letrero anunciador de su taller con el barro local. Para eso tiene que recoger los terrones y limpiarlos en el taller hasta lograr una arcilla apta.

El procedimiento de preparación de la arcilla comienza con el hallazgo y recogida de la materia prima en su medio natural. El proceso desde que la encontramos de forma natural hasta que tenemos una masa lista para trabajar requiere espacio y los medios adecuados. Podemos hacerlo nosotros mismos si contamos con los medios o comprar pastas ya preparadas. Las empresas que se dedican a procesarla y comercializarla ponen en el mercado una gran variedad de arcillas ya listas para su uso.

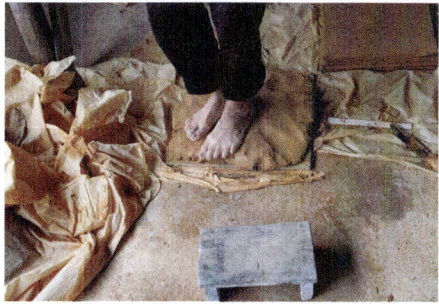 

Es fundamental eliminar la presencia de aire en la masa. Para ello es necesario amasar correctamente las pellas.

IMPORTANTE

La arcilla debe estar bien amasada antes de usarla. Especialmente si es para usar en el torno, deben eliminarse las burbujas de aire del interior de la masa.

TAREA 6

El Taller recibe el encargo de una vajilla de seis servicios, decorados especialmente para un cumpleaños próximo. Cada servicio de la vajilla consta de un plato llano, un plato hondo y un cuenco. Aún no disponen de medios mecanizados para hacerlo, no ha llegado ni la laminadora ni el torno. ¿Cómo pueden resolver el encargo a tiempo?

6.1. Procedimiento de preparación de la arcilla

Antiguamente los centros de producción alfarera se hallaban cerca de los yacimientos de arcilla. En **el alfar** se desarrollaba el proceso completo, desde la extracción y preparado de la arcilla hasta la cocción final. Con el tiempo y las mejores comunicaciones, la necesidad de cercanía fue desapareciendo.

Hoy es posible desarrollar la labor de creación cerámica desde casi cualquier sitio. Hay empresas especializadas que preparan y comercializan pastas y arcillas listas para su uso, lo que supone un ahorro en tiempo y esfuerzo para el ceramista.

Bloque de arcilla empaquetado y listo para usar. Los comercios especializados cuentan con catálogos de arcillas y pastas donde elegir según necesidad.

El proceso de preparación de la arcilla atiende a las costumbres y la tradición de cada zona, con pequeñas variantes. En líneas generales podemos resumir el proceso de la siguiente manera:

1. Seleccionar la veta en el entorno natural.
2. Extraer el material y trasladarlo al alfar.
3. Secar (si contiene humedad).
4. Machacar o moler
5. Cribar.
6. Hidratar y decantar, en una o varias pilas.
7. Evaporar el agua hasta poder cortar pellas.
8. Pisar, apalear (modo tradicional) o pasar por galletera (mecanizado).
9. Guardar en plástico para reposo.
10. Amasar antes de usar.

Alfarería tradicional en el sur de Marruecos. En muchos lugares la producción de cerámica sigue ligada al yacimiento de extracción del material. Fuente: BZ Travel / Shutterstock.com

SABÍAS QUE...

El barro almacenado no se estropea; por el contrario, a un barro preparado se le asignan mejores cualidades de trabajo. Tanto es así, que en algunos lugares los alfareros preparan el barro para la próxima generación y usan el que le legaron sus predecesores.

6.2. Recuperación de la arcilla seca, intratable o ya usada

La arcilla es un material que podemos recuperar y volver a usar si el resultado que hemos obtenido no es satisfactorio, **siempre que no se haya cocido.** Durante el trabajo en el taller es común que haya restos de recortes, trozos que se secan, piezas que han sufrido algún desperfecto o deformación, etc. Todo este material arcilloso, que pasamos a considerar inservible y desecho, con el tratamiento adecuado vuelve a ser materia útil.

Es habitual tener en el taller un espacio dedicado al reciclado de arcilla. Para ello basta con un cubo y una superficie plana de escayola.

El procedimiento para **recuperar la arcilla** es:

- ➲ Recoger los restos en cubo.
- ➲ Cubrir de agua.
- ➲ Dejar evaporar hasta obtener una mezcla pastosa.

⊃ Extender la papilla sobre la escayola.

⊃ Voltear cuando coja consistencia.

⊃ Amasar sobre escayola.

Material descartado en cubo para reciclaje. Volverá a ser útil.

El amasado sobre plancha de escayola ayuda a eliminar el exceso de agua.

6.3. Almacenamiento de los materiales

Para garantizar la calidad y buen funcionamiento de los materiales con los que se trabaja en el taller, es fundamental hacer buen eso de ellos; además, debemos prestar atención al almacenamiento, unos materiales necesitan humedad y otros ser guardados en seco.

 IMPORTANTE

Escogiendo recipientes adecuados y manteniendo el orden y la limpieza, evitaremos la contaminación cruzada y posibles problemas y fallos en los resultados.

Principalmente en el taller vamos a contar con arcilla en bloques, material diverso en polvo y material hidratado.

Para el mantenimiento de la arcilla es necesario el cierre hermético, así evitaremos que se seque por contacto con el aire. Lo ideal son cubos de plástico, caja estanca metálica con tapadera y además cubrir la arcilla con trapos húmedos, para mantener el grado de humedad en el recipiente.

El material en polvo, como óxidos, esmaltes, pigmentos, arcillas o engobes sin hidratar, debe almacenarse en un ambiente seco y en recipientes cerrados que lo mantengan a salvo de la humedad.

El material hidratado, como esmaltes, engobes, según cantidad en cubos, pequeños envases de cristal o de plástico.

 **NOTA**

Podemos y debemos reutilizar los recipientes de plástico desechados provenientes de otras actividades y sectores, como la gastronomía, la jardinería, etc.

El taller es un magnífico espacio para poner en práctica el reciclaje.

Además de usar recipientes adecuados para cada producto, el **etiquetado correcto** es fundamental. Las etiquetas deben ponerse siempre en los recipientes, nunca en las tapaderas, puesto que sería fácil intercambiarlas por error. Añadiremos datos que nos sean útiles como referencia comercial, receta, porcentajes, fecha de preparación o compra, etc.

7. Modos de manipular la arcilla: técnicas de modelado

 **HILO CONDUCTOR**

El Taller prepara su oferta de lanzamiento de cursos, para lo cual ha diseñado tres opciones, que se adaptan a los gustos y preferencias de distintos clientes:

- El curso 1 es los martes: aprenderán técnicas de construcción manual.
- El curso 2 es los miércoles: aprenderán a crear piezas en torno eléctrico.
- El curso 3 es los jueves: aprenderán modelado escultórico. Estudio del volumen.

Las maneras de proceder para la elaboración de cerámica siguen siendo las mismas que hace milenios. Si bien se han ido incorporando mejoras en cuanto a herramientas y tecnología, las técnicas básicas de elaboración son idénticas. El trabajo con la arcilla se desarrolla para obtener creaciones bidimensionales (bajorrelieves, murales, etc.) o tridimensionales (piezas exentas).

7.1. Técnica de elaboración escultórica

La arcilla en escultura se utiliza como medio definitivo, para bocetos o como medio de transición, pues la obra definitiva se obtiene en otro material, por ejemplo, el bronce o la escayola. Que sea o no el material definitivo condiciona el modo de elaboración, pues hay que tener en cuenta si queremos cocer la pieza algunos factores durante el proceso, como son: el tamaño del horno donde se va a cocer, el grosor de las paredes de la pieza, que no haya burbujas de aire durante la ejecución, la presencia de estructuras en el interior, la necesidad de ahuecar el interior, etc.

El modelado escultórico puede hacerse por dos métodos:

- **Por método aditivo:** añadiendo arcilla. Puede ser necesaria una estructura de madera o metal que sujete el volumen.
- **Por método sustractivo:** restando arcilla (talla). La forma emerge de un bloque.

Escultura de un busto por adición de material en pleno proceso.

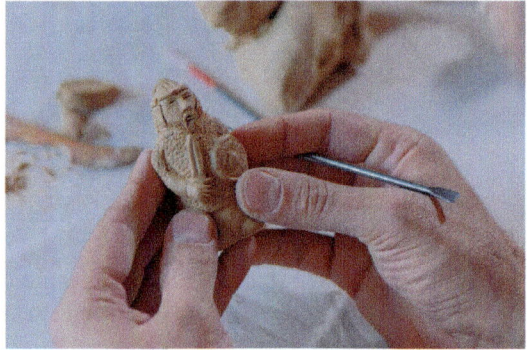

Para tallar la arcilla debe estar en dureza de cuero, de lo contrario se hace complicado, debido a la plasticidad del material. La talla es más empleada en madera, escayola o piedra.

Cuando el resultado es macizo, para aligerar la pieza de peso y para posibilitar la cocción en el horno, se procede al ahuecado con las herramientas correspondientes.

7.2. Técnicas de modelado

Para la elaboración y construcción de piezas de arcilla tenemos diferentes maneras de proceder:

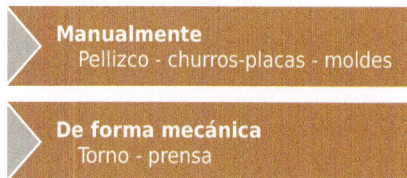

> **Manualmente**
> Pellizco - churros-placas - moldes

> **De forma mecánica**
> Torno - prensa

Técnica de pellizco

Partiendo de una bola de arcilla, se introduce el dedo pulgar en el centro y se va girando la bola a la vez que se pellizcan las paredes, haciéndolas más delgadas y estirándolas hasta conseguir una forma de cuenco. Los bordes quedan muy irregulares y precisan de herramientas de corte para acabados precisos.

El pellizco es la manera más básica y primitiva de trabajar la arcilla.

Creación usando método de churros o rollos sobre torneta manual

Técnica de churros o rollos

Permite la creación hueca de formas cilíndricas y globulares con perfiles abiertos y cerrados. Se construye sobre una base inicial y consiste en la unión sucesiva de churros de arcilla. Los churros se consiguen rodando la arcilla sobre una superficie o con una estrusionadora. La forma en la que se colocan unos sobre otros determina la forma de la pieza. Se crean con esta técnica desde pequeños jarrones a vasijas de dos metros. También se emplea en escultura, ya que permite una superficie hueca sobre la que modelar, ahorrando el proceso de vaciado.

Técnica de placas o planchas

Consiste en la creación de láminas de arcilla de grosor determinado, que se van uniendo con barbotina.

DEFINICIÓN

Barbotina

Es una mezcla de arcilla con agua, de modo que se obtiene una arcilla casi líquida pero densa. Se aplica en las uniones.

Las láminas se obtienen:

- **De forma manual:** usando dos guías de madera y un rodillo.
- **De forma mecánica:** con una laminadora.

Se puede trabajar con las láminas aprovechando su estado plástico para plegarlas y modelarlas casi como si fueran un papel, o podemos dejar que se endurezcan hasta estado de cuero y unirlas con barbotina. Para reforzar las uniones se traza un canal y se introduce un cordoncillo que cosa las dos partes unidas.

Cortando láminas. Una vez en dureza de cuero se cortan y se unen.

Moldes de escayola rellenos de pasta especial para colada. Puede observarse el grosor de la pared de arcilla.

7.3. Moldes

Los moldes empleados normalmente en cerámica son de escayola, porque no se adhieren y porque absorben el agua. Pueden ser sencillos (de una sola pieza) o complejos (formados por varias piezas que encajan entre sí). Su llenado con material arcilloso puede ser:

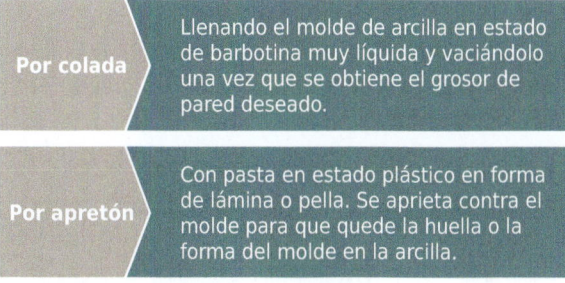

Por colada	Llenando el molde de arcilla en estado de barbotina muy líquida y vaciándolo una vez que se obtiene el grosor de pared deseado.
Por apretón	Con pasta en estado plástico en forma de lámina o pella. Se aprieta contra el molde para que quede la huella o la forma del molde en la arcilla.

7.4. Prensa

En procesos más industriales se emplean moldes en los que, por acción de la prensa hidráulica, toman la forma deseada y quedan listos para el secado.

Son capaces de producir muchas piezas en poco tiempo y los moldes son intercambiables.

Un solo operario es suficiente para el manejo de una prensa con alto rendimiento.

7.5. Torno

El torno es una herramienta que permite la elaboración de piezas por revolución. La fuerza aplicada en un punto se aplica en los 360° de la masa.

El control del torno requiere de un aprendizaje práctico, que consiste en el dominio de la posición de las manos y la fuerza ejercida y la velocidad del giro en todo el momento del trabajo.

Existen posiciones de las manos, también llamadas llaves, para conseguir objetivos concretos durante el torneado. La clave del trabajo en el torno consiste en dominarlas.

Cada parte del trabajo en el torno requiere de llaves para lograr la forma deseada.

Fases del trabajo en torno: centrado de la pella, apertura, alzado, forma final

Después de amasar la pella de barro, se coloca y se fija con el dedo en el centro del torno. Entonces comienza el trabajo por fases con el que tomará forma:

- **Centrado de la pella:** es fundamental y de su correcta ejecución depende el resto del trabajo. Una pella descentrada, además de dificultar los pasos siguientes, dará como resultado una pieza no simétrica o, deformada y con paredes de grosor distinto. Su objetivo es situar la masa y distribuirla equitativamente en el centro exacto de la torneta giratoria, para que la fuerza aplicada se distribuya en toda la masa por igual.
- **Apertura:** determina la base de la pieza. Debe hacerse cuando se ha centrado la pella perfectamente. Distribuye y deja la arcilla repartida en los contornos lista para tomar altura y forma.
- **Alzado:** distribuye la arcilla en un recorrido vertical en el que la masa se afina y toma altura, lo que da lugar a las paredes de la pieza. Se crea una forma aproximadamente cilíndrica (tomará más o menos altura según proyecto, pues no es lo mismo la altura de un plato que la de un jarrón).

- **Forma final:** una vez distribuida la arcilla y lograda la altura, se procede al acabado marcando curvas, rectas, cuellos, panzas, labios, etc. La pieza queda totalmente definida antes de cortarse con el hilo de acero y ser separada del disco giratorio.

Prensa hidráulica con un molde abierto. La forma se obtiene por presión contra las paredes.

APLICACIÓN PRÁCTICA

El Taller recibe su primer encargo: quince placas conmemorativas para los participantes en la carrera de montaña que se celebra anualmente. Al no disponer aún de laminadora, ¿cómo tendrán que proceder para la elaboración de las placas?

Solución

De forma manual. Las placas las pueden hacer usando guías del grosor deseado y pasando el rodillo de madera por encima de la pella de arcilla.

8. El secado

☞ **HILO CONDUCTOR**

Sara inició el modelado del letrero para la puerta del taller. Dejó doce placas perfectamente cortadas y dispuestas sobre la mesa, esperando volver a trabajar en ellas durante la tarde. Un imprevisto le impide la vuelta al trabajo y no lo retoma hasta el día siguiente. Al llegar encuentra las placas deformadas, se han combado y han quedado inservibles.

Una vez hemos dado a la arcilla la forma deseada, debe secar por completo antes de entrar en el horno. El proceso de secado, que aparentemente es sencillo, requiere de atención y vigilancia. En este punto pueden aparecer grietas o deformaciones, que arruinarían el trabajo previo.

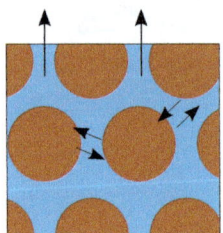

El lugar de cada molécula de agua evaporada es ocupado por otra. La aproximación entre ellas reduce el volumen inicial, se produce una mengua o merma.

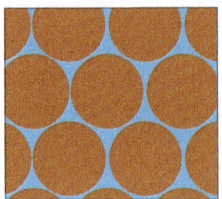

Cuando llegan a tocarse ha llegado al límite de contracción o dureza de cuero. Ya no es plástica. Continúa evaporando agua, pero no hay mengua.

Partículas + finas	+ Dificultad para evaporar el agua
Arcillas + plásticas	+ Contracción o merma

8.1. Factores que afectan al secado de la pieza

Al finalizar un trabajo llega el momento de dejarlo secar por completo para que se pueda hornear. Debemos tener en cuenta que no todas las piezas secan por igual. En el secado influyen ciertos factores, aparte de las condiciones ambientales y climatológicas, que responden más a características propias de la pasta y a la forma de trabajo por la que se haya optado. Algunos de estos factores son:

- **El grosor de las paredes:** paredes finas secarán más rápido que las gruesas.
- **Composición de la pasta:** la presencia de arcillas muy plásticas o chamota condicionan el secado. Depende de su grado de porosidad y la granulometría.
- **El método de conformado:** la manera de trabajar las piezas varía su grado de humedad. Por ejemplo, mientras que en el trabajo a torno añadimos constantemente agua, en el trabajo con moldes se les resta hidratación.
- **La propia forma:** la evaporación del agua se produce de forma diferente en una pieza volumétrica o globular que en una pieza totalmente plana.

Zona de secado rápido

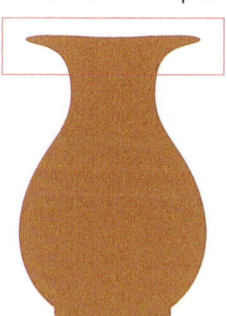

La zona de la boca tiende a secarse antes.

Tendencia de una plancha secada al aire rápidamente

8.2. Defectos por descuido en el secado

El proceso de secado requiere de un seguimiento, para evitar ciertos defectos que aparecen si este se produce inadecuadamente. Las causas por las que aparecen estos defectos pueden ser varias y conocerlas nos permite actuar para evitarlas. Secados demasiado rápidos, excesos de agua o apoyar las piezas en bases inadecuadas pueden malograr el trabajo. Los defectos más comunes durante el secado y sus causas son:

- **Deformaciones:** aparecen cuando el secado se produce más rápido por una zona que por otras, es decir, de forma no uniforme. Puede evitarse cubriendo el trabajo con plástico, llevando un control por zonas y controlando que el grosor de la pieza sea uniforme. La deformación en planchas planas puede evitarse también volteándolas regularmente y colocando algo de peso encima.
- **Grietas:** suelen aparecer en los bordes y los fondos. Se producen por un secado no uniforme, normalmente cuando la parte alta ha llegado a dureza de cuero y la base no. Puede evitarse controlando el secado, cubriendo la parte alta con plástico o aireando la base.

 TAREA 7

Sara dejó las placas esperando volver a trabajar en ellas pronto, pero ha tardado un día en hacerlo. Al llegar ha encontrado las placas de su cartel totalmente deformadas. Describe qué ha ocurrido. Indica si podría haberse evitado y cómo.

9. El horno

 HILO CONDUCTOR

El horno del taller debe cubrir unas expectativas y lograr unos resultados. Tras evaluar el tipo de piezas que pretenden hacer y estudiar las opciones posibles para cocerlas, entre horno de gas propano o horno eléctrico, han optado por el horno eléctrico.

El horno es para el ceramista el lugar donde se produce la magia, el milagro: el lugar de transformación de la materia frágil y perecedera en material resistente y duradero. También es el lugar donde culmina con éxito o se echa a perder todo el trabajo.

Horno abierto en Chiapas, México. Tipo de cocción primitivo donde las piezas no llegan a alcanzar altas temperaturas. Fuente: Donnebryant / Shutterstock.com

Desde los primeros hornos abiertos que alcanzaban poca temperatura hasta los actuales hornos eléctricos con programadores automáticos, hay un proceso de evolución en el que, si bien se han ido incorporando mejoras, no se descartan ni pierden interés los modelos anteriores.

Horno con hogar y cámara de cocción diferenciadas. La evolución del horno a fuego abierto.

Horno tipo Noborigama con varias cámaras, típico de Japón. Fuente: yanchi1984 / Shutterstock.com

Los modelos de horno usados desde la antigüedad hasta nuestros días nos dejan un amplio repertorio de acabados posibles y un interesantísimo legado.

Los hornos más comúnmente usados en la actualidad en los talleres de producción en nuestra zona geográfica son eléctricos y de gas. Los hornos de leña requieren obviamente de espacios adecuados y abiertos. Su número es escaso y su uso, casi anecdótico.

Horno eléctrico de carga superior. Interior de ladrillo refractario y resistencias que generan el calor en las paredes.

Horno de gas de carga frontal. Pueden tener uno o varios quemadores.

9.1. Hornos eléctricos

En los hornos eléctricos las paredes y suelos están dotados con elementos calefactores (resistencias) que generan calor por radiación. Se construyen con ladrillos refractarios y/o fibra, que retienen el calor generado. Se rematan exteriormente con metal. Cuentan con un programador que les permite realizar las funciones de arranque y pausa de las resistencias automáticamente. Con las variables de tiempo y temperatura, el ceramista regula la velocidad de trabajo de las resistencias encargadas de calentar la cámara. Los programas se graban en una memoria y se accionan cómodamente. Se puede programar la hora de inicio y pausas de mantenimiento. Cuecen en atmósfera oxidante, es decir, con presencia de oxígeno en la cámara de combustión.

Los resultados son bastante estables y uniformes. Esto puede ser una ventaja o no, dependiendo de las pretensiones del ceramista.

La decisión del tipo de horno debe ser bien estudiada y acorde a nuestras necesidades y posibilidades.

 IMPORTANTE

Antes de la compra es necesario asegurarse de que la instalación eléctrica soporta la potencia del horno, así como que el peso y el tamaño es adecuado al lugar de ubicación.

9.2. Hornos de gas

Los hornos de gas están alimentados por uno o varios quemadores. Generan calor por combustión (gas). Requieren algo más de la atención del ceramista que los eléctricos: la temperatura ambiental influye en el gas, puede llegar a congelarlo; las bombonas pueden terminarse y necesitar ser repuestas a mitad de la cocción, etc.

Tiene como ventaja que se puede cambiar la atmósfera de la cámara de oxidante a reductora, logrando, con la reducción de oxígeno en la cámara de combustión, variedad de efectos y acabados. Así que, como ventaja, podemos decir que ofrecen más variedad y posibilidades en los resultados finales, aunque estos son algo más imprevisibles que con la cocción eléctrica.

 RECUERDA

Un horno es el lugar donde se produce la transformación de la arcilla en cerámica. Es un espacio en el que se genera calor por combustión o radiación y se retiene en una cámara, evitando que se pierda. Las piezas que se colocan en la cámara aumentan su temperatura. El aumento de temperatura se logra mediante el calor generado por resistencias eléctricas, quemadores de gas o leña.

Para realizar con éxito la cocción de la cerámica es necesario tener el control de la temperatura que alcanza el horno. Quedar por debajo de lo pretendido o sobrepasarla variará los resultados y seguramente implique la pérdida del trabajo. Para ello contamos con dos sistemas de medición:

- ⮕ **Un lector eléctrico llamado pirómetro:** su extremo protegido se sitúa dentro de la cámara de combustión e indica a qué temperatura se encuentra.
- ⮕ **Sistema de medición por cono pirométrico Orton o Seger:** pirámides de material cerámico cuya composición es fusible a una temperatura determinada. Se colocan en el horno, de manera que puedan ser vistos desde el exterior por la mirilla del horno. Nombrados con números, cada número corresponde a una temperatura. Así cuando observamos que un cono 8 de Orton comienza a doblarse, sabemos que la cámara ha alcanzado la temperatura entre 1.250-1.260 ºC correspondiente a ese número de cono. Se colocan tres conos, situando el de la temperatura deseada en el centro. A un lado se pone el cono anterior con temperatura inferior a la deseada, y al otro lado el que le sigue superandolo

en temperatura .. El de temperatura inferior a la deseada debe doblarse por completo, la deseada solo debe doblarse un poco indicando que alcanzó la temperatura que corresponde a su número.

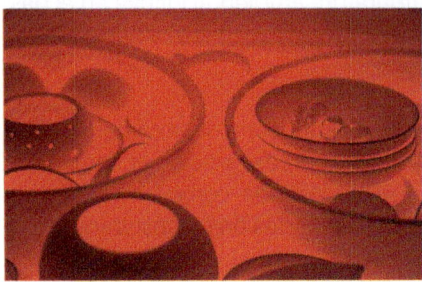

Interior del horno y piezas incandescentes a temperaturas muy elevadas

La torsión de los conos pirométricos indica que han alcanzado su temperatura de fusión.

 SABÍAS QUE...

Unos ojos expertos son capaces de determinar la temperatura del interior del horno por el color que adquieren las piezas, que cambia desde el rojo a los naranjas y hasta amarillos casi blancos.

9.3. Mobiliario de horno

Para aprovechar al máximo el espacio de la cámara de un horno se utilizan **estantes, soportes** y **gacetas** hechos de materiales resistentes a altas temperaturas, como el carburo de silicio. Se usan creando estanterías desmontables que salvan el tamaño de las piezas y se rediseñan para cada cocción. Existen también gacetas diseñadas para la quema específica de ciertas formas como azulejos o platos, cuyo diseño permite el máximo rendimiento del espacio.

El horno se aprovecha al máximo mediante la colocación de soportes hechos con material refractario, como la coriderita.

 ## ACTIVIDAD COMPLEMENTARIA

4. En una cocción a gas se van a utilizar conos pirométricos para medir la temperatura. Se realizará una cocción de bizcocho que debe alcanzar los 960 ºC y posteriormente una de esmalte a alta temperatura que debe alcanzar los 1.250 ºC. ¿Qué números de cono pirométricos Orton usarías? Indica su colocación.

Solución

Para 960 ºC: 9- 08 - 07
Para 1.250 ºC: 6 - 7 - 8

10. El proceso de cocción

 ## HILO CONDUCTOR

El letrero de arcilla ya está hecho y seco. Para endurecerla y que aguante a la intemperie sin deshacerse con la lluvia o los golpes, se meterá en el horno y se llevará hasta 960 ºC. Después se decorará con esmaltes de colores y se volverán a cocer. Serán las piezas que estrenen el horno nuevo, El Taller ya tiene cartel.

El endurecimiento que consigue una pieza de arcilla secada al aire no es suficiente para su uso; debe alcanzar una temperatura de los **600 °C en adelante** para que podamos hablar, ya si, de un material duradero y resistente: la cerámica. Durante el proceso de cocción se somete a la arcilla a un aumento de temperatura que hace que sus características físicas y químicas cambien de manera irreversible. El proceso es delicado, lento. Debe hacerse de forma progresiva, por lo que puede tardar muchas horas en alcanzar la temperatura deseada y luego más hasta volver a la temperatura ambiente.

Hay factores que determinan la forma en que este trabajo se lleva a cabo, pues no se carga igual un horno de bizcocho que de piezas esmaltadas.

Procedimiento para realizar una cocción:

Carga del horno - Calentamiento - Enfriamiento - Descarga

 **DEFINICIÓN**

Cocción
Es un proceso planificado de calentamiento y enfriamiento de piezas elaboradas en arcilla según unas intenciones determinadas.

10.1. Bizcochado. primera cocción

La primera vez que el trabajo de barro se cuece en el horno se llama bizcocho o bizcochado. Esta primera cocción se hace para endurecer la arcilla, que queda convertida en cerámica. Una vez aquí, el trabajo puede darse por terminado, o puede decorarse de manera que necesite una segunda cocción.

Piezas en bizcocho puestas a la venta. La cerámica no siempre tiene que ir esmaltada, el acabado en barro también cumple una función estética.

Aunque dependerá de los usos y costumbres de cada lugar, en líneas generales la cocción de bizcocho se entiende normalmente como la que se realiza entre 900-1.000 °C con intención de madurar la pasta, independientemente de que esta sea de alta o baja temperatura. Hay que tener en cuenta los siguientes aspectos:

- ⮞ Las piezas deben estar completamente secas.
- ⮞ El aumento de temperatura para eliminar el agua de la pasta debe hacerse de forma gradual.
- ⮞ Las primeras 4-5 horas son críticas, elevar la temperatura no más de 100 °C cada hora.
- ⮞ Una vez superados los 600 °C se puede elevar la velocidad de subida.

En la carga del horno las piezas pueden tener contacto unas con otras. De hecho se apilan, colocando las más fuertes abajo, aprovechando al máximo el espacio; incluso se meten unas dentro de otras. Es importante tener en cuenta que durante la cocción la pieza se dilata antes de encoger, por lo que no deben quedar demasiado ajustadas ni apretadas.

NOTA

Las piezas con tapadera o de encaje deben cocerse puestas o encajadas para asegurar la contracción similar.

10.2. Cocción de esmaltes o vidriado. segunda cocción

Tras el bizcochado se obtiene una pieza cerámica resistente que puede manejarse sin el peligro de rotura anterior al paso del horno. En este punto se decora con esmalte de color o barniz transparente y debe volver a pasar por el horno.

Esmaltado de piezas en bizcocho por inmersión

La composición de los esmaltes determina su apariencia y temperatura de cocción.

La colocación de las piezas en el horno cuando están esmaltadas es diferente a la del bizcochado. Ahora las piezas tienen una fina película de esmalte en forma de polvo que las recubre y no pueden tocarse unas a otras. Este polvo compuesto por materiales fusibles se tornará vidrio sobre el cuerpo de arcilla durante la segunda hornada; tendremos entonces cerámica esmaltada.

Debe evitarse el contacto entre piezas esmaltadas y también el contacto con los componentes del horno: baldas y paredes no pueden tocar el esmalte. En caso de ocurrir, las piezas se quedarían pegadas. Para evitar que se peguen, las baldas del horno se protegen con una capa de alúmina y caolín al 50 %, aplicada con brocha sobre toda la superficie de forma uniforme. Esta capa preserva a la balda de posibles goteos y escurrimientos durante el horneado. Para proteger las baldas del horno del contacto con el esmalte además debemos:

⮑ Limpiar los puntos de apoyo de todo resto de esmalte.
⮑ Usar soportes o patas de gallo que las alcen.

ACTIVIDAD COMPLEMENTARIA

5. Describe las diferencias entre la cocción de bizcocho y la cocción de piezas esmaltadas.

---

11. Ciclo térmico

Llamamos ciclo térmico al conjunto de acciones de subida, mantenimiento y bajada de temperaturas que se da durante el proceso de horneado.

Cada tipo de horneado tiene su propio ciclo. Este se establece previamente según los objetivos deseados y teniendo en cuenta las características de las piezas cargadas en el horno. El ciclo térmico relaciona los factores tiempo, temperatura y atmósfera del horno.

Gráfica de una cocción de bizcocho a 960 ºC

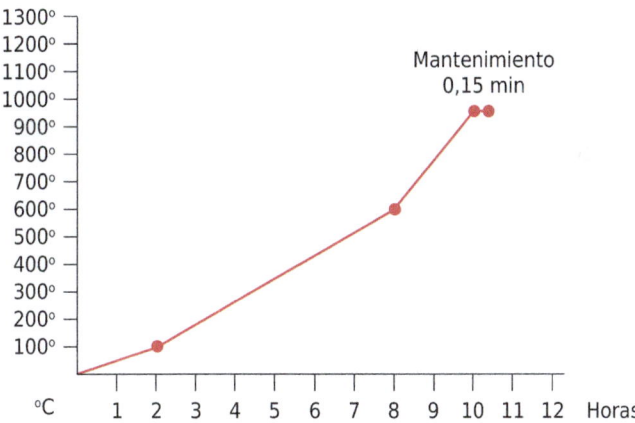

Gráfica de una cocción de bizcocho a 1.260 ºC

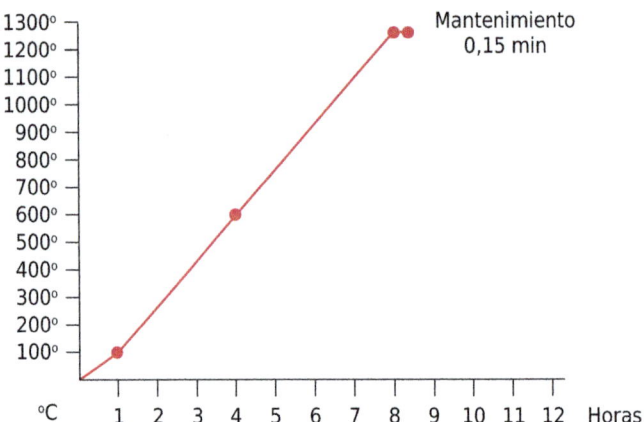

EJEMPLO

Ciclo de hornada de bizcocho:

- 2 h → 100 ºC
- 6 h → 600 ºC
- 2 h → 960 ºC
- 15 min → 960 ºC
- Enfriamiento.

Ciclo de hornada de esmaltado a 1.260 ºC

- 1 h → 100 ºC
- 3 h → 600 ºC
- 4 h → 1.260 ºC
- 15 min → 1.260 ºC
- Enfriamiento

11.1. Cochura al serrín

El horno de serrín supone una vuelta a los orígenes del quehacer cerámico. Consiste en cargar completamente la cámara del horno con serrín y piezas.

La cámara puede lograrse excavando un pozo en el terreno *(pit firing),* alzando una construcción sencilla de ladrillos o usando un bidón metálico. Tanto el interior de las piezas como el espacio entre ellas se llenan de serrín, ocupando toda la superficie del horno. El fuego se inicia en la parte de arriba con madera hasta obtener brasas que prendan el serrín y se tapa. Para favorecer la combustión hasta el fondo debe dotarse de pequeñas entradas de aire (se logran dejando algún espacio entre los ladrillos o agujereando la base del bidón). Para evitar la rotura por caída de unas piezas sobre otras, se puede colocar una malla de alambre entre capas que las retengan.

CONSEJO

Esta forma de cocción no alcanza temperaturas superiores a los 700 ºC. Puede hacerse para cocer las piezas a esta temperatura, o para obtener efectos de ahumado en piezas bizcochadas y previamente a 960 ºC y por tanto más resistentes.

Pit-firing: el fuego se inicia en la superficie y luego se tapa

Pieza de la autora cocida con algas y carbonato de cobre entre el serrín

Este tipo de cocción con falta de oxígeno crea una atmósfera reductora en la cámara que da como resultado cerámicas negras total o parcialmente. La adición de algas y óxidos metálicos pueden crear algunos efectos de color en las superficies.

12. El diseño de piezas cerámicas

☞ HILO CONDUCTOR

El Taller va a lanzar una colección de tazas y teteras inspiradas en los diseños íberos, pero con aire renovado y diseño actual. Han creado un par de modelos, con asas más o menos sobresalientes y pitorros en distinta posición, para comprobar si al servir gotea y si es cómoda en su uso. Una vez terminadas las prueban y observan que una vierte de manera limpia, pero su agarre con asa corta se hace complicado. La otra tetera gotea en el vertido, pero es más cómoda de sujetar. Toman la decisión de tomar lo mejor de cada diseño para crear la definitiva.

- -

Afrontar un proyecto requiere de tiempo y toma de decisiones. Rara vez un trabajo improvisado al azar logra dar buenos resultados. El proceso en el que se idea y planifica un producto es el diseño.

✎ DEFINICIÓN

Diseñar
Planificar un objeto de modo que cumpla su función de manera óptima y a la vez satisfaga aspectos estéticos.

- -

El diseño implica la toma de decisiones que definen el producto final. En la foto, formas de tetera y placas de pruebas de esmaltes para el acabado exterior.

El proceso puede dividirse en fases:

- **Propuesta o idea:** apoyada o inspiración en fotografías, textos, dibujos, etc.
- **Bocetos:** se recogen anotaciones y dibujos que plasmen las formas y posibilidades surgidas de la propuesta.
- **Maqueta:** de los bocetos en papel se pasa a materializar un modelo, no tiene que ser en material definitivo, puede hacerse en plastilina, cartulina, etc. Sirve para tener una primera percepción tridimensional de lo proyectado.
- **Mejoras:** en esta etapa se definen soluciones a posibles problemas detectados en la maqueta.

Hay establecidas una serie de características básicas que se esperan de un buen diseño. Estas son **unidad, orden** y **variedad.**

Vajilla de cuyos componentes responden al principio de unidad.

Compositivamente, en un buen diseño, todo elemento queda establecido para cumplir un fin. La percepción que tenemos del objeto es ordenada cuando es equilibrada, armónica o tiene un ritmo logrado por la forma o por el cromatismo. La riqueza de un diseño también reside en la capacidad que tiene de provocar el interés de recorrerlo visualmente. Esto se logra con formas, líneas, curvas, detalles y texturas que bien aplicadas convierten en atractivo el diseño.

En cuanto a la funcionalidad, el diseño debe contemplar previamente aspectos como el uso interior o exposición al exterior (para usar materiales más resistentes a los agentes externos como el gres), la necesidad de ser lavables o permeables (para usar en cocina deberán están impermeabilizados), el uso culinario (algunos esmaltes son tóxicos y no deben emplearse para este tipo de piezas) y cualquier otro requerimiento que condicione el tipo de arcilla, de decoración o de vidriado.

 **APLICACIÓN PRÁCTICA**

Un restaurante quiere personalizar su vajilla. Encarga tazas en barro de baja temperatura con su logotipo. Una vez recibidas las tazas, empiezan a usarlas y detectan que, con tanto uso y lavado, las asas se rompen con facilidad. Descontentos, acuden al taller donde las encargaron para quejarse. ¿Qué puede hacer el ceramista para que las siguientes sean más resistentes?

Solución

Puede cambiar el diseño de la forma del asa, puede hacerlas más robustas, más compacta o menos sobresalientes, de este modo se reduce la posibilidad de roturas. También puede cambiar el tipo de barro y hacerlas de gres con chamota, más resistentes al ir cocidas a más temperatura.

13. Decorado de la cerámica

 **HILO CONDUCTOR**

Mario va a decorar las piezas que Sara ha torneado. Quería aplicar color y calados, pero al comenzar a calar las piezas nota que están demasiado duras, las han secado en exceso. Visto esto, necesitan cambiar los planes para estas piezas y aplicar un tipo de decoración acorde al estado de dureza y de secado si quieren aprovecharlas.

La decoración aplicada a las piezas de cerámica puede realizarse antes o después de la cocción de bizcocho. Esto debe planificarse y decidirse antes, pues, una vez pasen por el horno, algunas técnicas ya no se podrán realizar.

Vemos a continuación qué técnicas son aplicables en cada estado.

13.1. Decoración en el precocido

Antes de la cocción de bizcocho, las piezas se encuentran en estado plástico o en estado de dureza de cuero, en este estado se puede intervenir para lograr efectos decorativos.

Estado plástico y semiplástico

En estado plástico y semiplástico es posible modificar las superficies de diversas maneras:

- **Decoración incisa:** realizada con punzón, peines, conchas o cualquier material que corte, deje marcas o raye.
- **Sellos y estampados:** consiste en hacer presión sobre la superficie de arcilla hasta lograr un registro. Los sellos dejan una impresión puntual y rodillos marcan superficies más amplias. Ambos se pueden hacer fácilmente de arcilla o con escayola.
- **Decoración escisa:** consiste en añadir material creando un saliente en la superficie. El relieve se puede obtener a partir del vaciado de un sello de escayola o de cualquier otra forma.

Intervenciones sobre la superficie de la pieza crean efectos decorativos que hacen que la pieza gane interés. En la foto esgrafiado en dureza de cuero y estampación en estado plástico.

En estado de dureza de cuero

En estado de dureza de cuero es posible modificar las superficies de las siguientes maneras:

- **Esgrafiado:** resta material a la superficie arcillosa. Puede ser en forma de línea o el interior de la silueta completa.
- **Calado:** en el calado se resta material a la pared de arcilla, que es atravesada por completo por la herramienta de corte.
- **Bruñido:** consiste en frotar el cuerpo arcilloso en estado de cuero con una superficie muy lisa. Suele hacerse con cantos rodados, la parte convexa de cucharas o láminas de plástico. Debe repetirse varias veces conforme la pieza vaya secándose, para que mantenga el brillo.
El resultado es una superficie pulida y de tacto suave.

 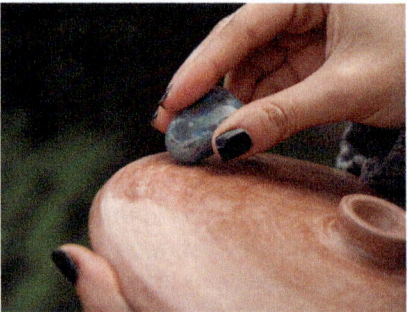

Técnica de calado al dejar pasar la luz muy empleada en lámparas y portavelas.

Pieza bruñida con piedra. El resultado es una superficie pulida y de tacto suave.

Aplicación de engobes

El engobe es una mezcla de arcilla con agua, de forma que se obtiene una barbotina más o menos densa. Se aplica sobre el cuerpo cerámico para cambiar su color.

El color del engobe puede proceder naturalmente de la propia arcilla, o puede crearse y modificarse con agentes colorantes como óxidos metálicos y pigmentos. Para crear un engobe de color lo más acertado es usar como base una arcilla blanca, para que destaque el agente colorante.

Piezas con engobe y decoración tipo peinado

Algunas técnicas de aplicación de engobes son:

- **A pincel o brocha:** para obtener superficies homogéneas suelen aplicarse varias capas. Cuando la anterior a secado se procede a la siguiente.
- **Por vertido:** consiste en derramar el engobe sobre la pieza desde una jarra u otro recipiente.

  - **Con perilla:** se aplica creando una línea o cordón. Debe estar bastante espeso. O por el contrario se aplica líquida dando lugar a regueros.

- **Esponja:** con forma de sellos definidas o sin definir. Con pequeños toques y variando la densidad del engobe se logra textura.
- **Baño:** se sumerge la pieza en el engobe. Cuidado porque al no estar cocida, puede deshacerse por exceso de agua.
- **Marmoleado o técnica de ágata:** se vierten al menos dos colores diferentes y se rota la pieza para que se mezclen aleatoriamente.
- **Esgrafiado:** al esgrafiar sobre una pieza engobada, sale a relucir en la línea de materia que restamos, el color original de la pieza.
- **Emplumado:** se vierten al menos dos colores formando líneas paralelas y se trazan perpendiculares arrastrando una pluma o pincel delicado, creando un patrón.
- **Fileteado:** consiste en la traza de franjas horizontales paralelas usando la torneta giratoria.
- **Impresiones monotipo o transferencias:** se traslada el diseño existente en un soporte (puede ser cristal, papel de periódico, escayola, etc.) a la pieza. Solo puede realizarse una vez. Los patrones que transferir pueden crearse manualmente o pueden adquirirse en tiendas especializadas pliegos de papel con imágenes listas para su uso.

- **Mishima:** consiste en un esgrafiado cuyo canalillo resultante se rellena con engobe, se deja secar y se limpia. Al raspar el sobrante, el color queda incrustado en el esgrafiado.
- **Moca:** tras aplicar un engobe bastante líquido, se dejan caer unas gotas de óxido metálico disuelto en una solución de tabaco, de vinagre, limón o vino. La reacción en el medio ácido hace que el óxido se abra en la superficie coloreada con el engobe fresco, dando lugar a formas que parecen árboles o un helecho.

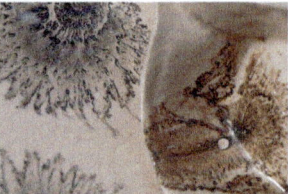

Efectos decorativos de marmoleado, entubado y moca, logrados con engobe cuando la pieza en estado crudo.

- **Terra *sigilatta:*** es un tipo de engobe obtenido por decantación cuyas partículas son muy finas. El resultado estético es satinada, algo brillante.
- **Reservas:** a la hora de aplicar el engobe de color sobre la pieza, se pueden reservar zonas mediante la aplicación de látex o cera de abeja. Estas partes reservadas quedan libres del color del engobe.

En estado seco, cuando la arcilla se ha secado, antes de bizcochar, también podemos aplicar:

- **Óxidos y pigmentos:** es posible aplicarlos directamente sobre la superficie de arcilla, mezclados con agua, de manera similar a la acuarela.
- **Esmaltes monococción:** con este tipo de esmaltes la pieza queda concluida en una sola cocción, pues en ella tiene lugar todo el proceso. En la misma hornada se endurece el barro y se crea la capa vítrea. No todos los esmaltes son aptos para este tipo de proceso.

13.2. Decoración previa a la segunda cocción. El vidriado

Una vez finalizada la cocción de bizcocho, la pieza endurecida no puede ser modificada en su forma, pues ha perdido su estado plástico. Para decorar las piezas bizcochadas, se utilizan esmaltes, óxidos metálicos y pigmentos que cambian la apariencia en superficie.

El color puede contenerlo el propio esmalte, puede aplicarse al cuerpo cerámico antes del vidriado (llamado **técnica bajocubierta),** o aplicarlo encima del vidriado (**técnica sobrecubierta).**

Hay que tener claros los siguientes conceptos:

⮑ **Esmalte, barniz o vidriado:** el esmalte es una capa vítrea que se aplica al cuerpo cerámico y se adhiere a este mediante el proceso de cocción a temperaturas elevadas. El vidriado de piezas logra superficies impermeables, protegidas, lavables, resistentes y decoradas.

Resultados de una segunda cocción con vidriado, que contiene agentes colorantes como cobre y carbonato de cobalto.

⮑ **Mates, satinados o de efecto brillante, opacos o transparentes:** los transparentes dejan ver el color de la pasta cerámica; los opacos, no. Los ingredientes en la fórmula determinan sus características, así como la temperatura de maduración y el color, si en la fórmula contienen agentes colorantes.

Los agentes colorantes son los implicados en el color de cualquier proyecto cerámico. Se usan para colorear esmaltes, engobes y pastas. Pueden ser de dos tipos:

1. **Óxidos metálicos:** son óxidos puros, procedentes de minerales. Los más utilizados son:

Hierro	Rojo, marrón y negro (tenmmoku), verde (celadones)
Cobalto	Azul
Cobre	Verde, turquesas, rojo en oxidación

Continúa en página siguiente >>

<< Viene de página anterior

Manganeso	Marrones, pardo, violetas
Cromo	Verde
Vanadio	Amarillos
Níquel	Gris, verde apagado
Rutilo	Moteados, marrones

Tabla orientativa, pues la combinación con otros elementos presentes en la formulación de los esmaltes puede variar los resultados. Igualmente, la presencia o ausencia de oxígeno durante la cocción (atmósfera reductora u oxidante) influye en el resultado final.

2. **Pigmentos:** son productos elaborados industrialmente para cumplir la función de colorantes. Son más estables que los óxidos metálicos.

Decoración con pigmentos de una taza y esmalte transparente aplicado por vertido. Aunque la pieza quede en el momento totalmente blanca, una vez cocida se verán los dibujos bajo el vidriado.

El uso del agente colorante antes o después de la aplicación del vidriado da lugar a **dos técnicas** diferenciadas, que conocemos como:

- **Técnica bajocubierta:** el color se aplica con pincel, o con lápiz o pastel cerámico, y se cubre generalmente con un barniz transparente que permita ver el diseño realizado. El dibujo queda bajo la cubierta vitrificada.
- **Técnica sobrecubierta:** se aplica sobre el bizcocho una capa de barniz transparente o blanco generalmente, porque realza los colores. Encima se pinta con el agente colorante diluido en agua, de manera que al cocerse el dibujo queda sobre la cubierta vitrificada.

La Plaza de España de Sevilla contiene 48 bancos con murales dedicados a cada provincia española pintados sobrecubierta.

El esmaltado de una pieza se hace generalmente bien **por inmersión** o **por baño.** Sin embargo, en la aplicación de esmaltes de color se puede aplicar la **técnica de cuerda seca,** que consiste en la aplicación de esmaltes de color en zonas delimitadas por un cordoncillo de materia grasa que repele el esmalte y hace de separación entre colores, evitando que se mezclen entre sí. El esmaltado en este caso se hace con perilla o pincel.

Azulejo en proceso, con la línea grasa negra aplicada antes del relleno con esmalte de color. Fuente: Pat Moore / Shutterstock.com

Plato acabado con técnica de cuerda seca. Muy usado en azulejería y objetos decorativos.

Sea cual sea el método elegido, el esmalte, una vez aplicado, queda en forma de película de polvillo sobre la superficie. Es delicado y se retira con facilidad al pasar el dedo por encima. Necesita la segunda cocción a la temperatura adecuada para fundirse y quedar totalmente adherido a la pieza.

IMPORTANTE

Los esmaltes deben tener una temperatura de maduración igual a la temperatura soportada por la arcilla, de forma que para lograr su fusión no haya que sobrepasar la temperatura máxima soportada por la pasta.

Los esmaltes cerámicos podemos encontrarlos en polvo o ya hidratados listos para su uso en tiendas especializadas. Los fabricantes cubren prácticamente la totalidad de los acabados posibles y los efectos. Aun así, la creación de esmaltes propios es siempre una aventura interesante para el ceramista. Para ello hacen falta ciertas nociones sobre las cualidades de los ingredientes implicados en un barniz y modificar las proporciones, sumar o restar ingredientes, y llevarlos a distintas temperaturas.

APLICACIÓN PRÁCTICA

Mario y Sara van a lanzar su línea de jarrones decorados y esmaltados. Los han realizado con distintos tipos de pasta y han aplicado varios esmaltes diferentes para elegir el resultado que más les satisfaga. Entre las diversas pruebas hay un jarrón hecho con arcilla roja y esmaltado con un transparente indicado para gres. Medita sobre los resultados que pueden obtener de esta pieza cuando abran el horno. ¿A qué temperatura deben cocerlo? ¿Cómo saldrá si lo cuecen a baja temperatura? ¿Y si lo cuecen a alta?

Solución

Un jarrón hecho de pasta roja de baja temperatura (960 ºC) debe esmaltarse con esmaltes preparados para madurar a baja temperatura.

Si le ponemos un esmalte indicado para gres con punto de fusión 1.200 ºC y lo cocemos a 960 ºC, el esmalte no se desarrollará, quedará crudo y mate sobre la superficie. Si por el contrario decidimos fundir el esmalte y llevamos la cocción a 1.200 ºC, la arcilla que forma el jarrón, al sobrepasar su temperatura ideal, comenzará a deformarse, hasta llegar a derrumbarse y fundirse. El jarrón quedará convertido en una masa informe adherida a la placa del horno.

---

14. Resumen

Cuando hablamos de cerámica nos referimos a cualquier objeto fabricado de arcilla que haya sido endurecido por acción del calor. La cerámica logra ser un material resistente por encima de los 700 °C.

La cerámica acompaña al ser humano desde el Neolítico y se ha adaptado a las necesidades y gustos de cada época. En principio su carácter era funcional, pero ha evolucionado en su rango de aplicaciones hasta llegar a ser un medio puramente artístico.

Las arcillas para hacer cerámica proceden de la naturaleza. Son el resultado del desgaste de rocas. Pueden ser:

Pueden ser mezcladas entre sí o añadirle elementos que modifiquen sus características.

Según su temperatura de maduración se consideran:

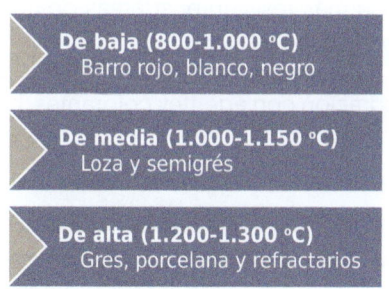

El proceso de trabajo con la arcilla después de la extracción de la cantera y su limpieza es: amasado, conformado, secado y horneado.

Para transformar la arcilla en cerámica se cuece. Existen múltiples opciones:

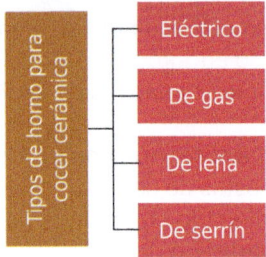

*El de serrín es más usado para efectos de ahumado y carbonación.

El diseño de las piezas de cerámica debe cubrir dos aspectos: el funcional si el objeto es para uso y el estético. Hay que planificar la decoración, pues cada técnica se usa específicamente en un estadio diferente del proceso.

Una vez se ha confeccionado la pieza y se ha bizcochado, puede someterse a una segunda cocción con objeto de obtener una pieza no porosa, lavable, más resistente e impermeable. Esto se consigue con el vidriado. Los esmaltes usados en el vidriado pueden ser transparentes (dejando ver el color del cuerpo cerámico) u opacos, según composición química.

El vidriado dota al cuerpo cerámico de una capa vítrea, brillante o mate, que la protege y hace más resistente, además de añadir un valor estético mediante colores y efectos posibles.

Si se aplica decoración con agentes colorantes, hablaremos de:

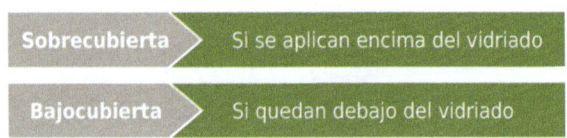

Los agentes que dan color en cerámica son:

➲ Óxidos metálicos puros
➲ Pigmentos industriales

Ejercicios de autoevaluación
Unidad de Aprendizaje 2

1. En el horno la arcilla pierde...

    a. ... colorantes.
    b. ... agua.
    c. ... vidriado.
    d. Todas las opciones son correctas.

2. La arcilla es:

    a. Un compuesto sintético.
    b. Un descompuesto vegetal.
    c. Un compuesto mineral.
    d. Todas las opciones son incorrectas.

3. Relaciona cada productor de cerámica con la etapa histórica en la que se da:

    a. Autor/artista
    b. Gremio
    c. Producción industrial

    __ Edad Moderna
    __ Edad Contemporánea
    __ Edad Media

4. En la cocción de bizcocho lo ideal es:

    a. Aumentar 100 °C x hora.
    b. Aumentar 960 °C en 1 h.
    c. Disminuir 300 °C por hora.
    d. Aumentar 960 h.

5. Los elementos desengrasantes en una pasta...

    a. ... reducen la plasticidad y aumenta la porosidad.
    b. ... son la parte plástica.

    c. ... evitan que escurra el vidriado.

    d. ... producen craquelados.

6. Son defectos del secado...

    a. ... la contracción y el secado rápido.

    b. ... la merma y la variación del colorante.

    c. ... las deformaciones y grietas.

    d. ... los choques térmicos.

7. Determina si la siguiente oración es verdadera o falsa: "En la hornada de esmalte las piezas pueden tocarse unas con otras".

■ Verdadero

■ Falso

8. Relaciona cada pasta con su temperatura

    a. Baja 960 °C

    b. Alta 1.260 °C

    c. Media 1.150 °C

    __ Loza

    __ Barro rojo

    __ Gres

9. Determina si la siguiente oración si es verdadera o falsa: "La dureza de cuero es el punto ideal de aplicar un engobe".

■ Verdadero

■ Falso

10. El vidriado...

    a. ... impermeabiliza y decora.

    b. ... protege y hace lavable.

    c. ... hace más resistente.

    d. Todas las opciones son correctas.

Madera

Contenido

Objetivos

El objetivo general de esta Unidad de Aprendizaje es:

→ Identificar las características de la madera, las herramientas y técnicas que se emplean para su trabajo.

Los objetivos específicos de esta Unidad de Aprendizaje son:

→ Aplicar las herramientas manuales y mecánicas para el trabajo con madera.

→ Distinguir los distintos formatos de madera y tipos de madera disponibles y sus posibles aplicaciones.

→ Planificar el trabajo desde la idea hasta la realización.

→ Adaptar el trabajo a las necesidades del cliente.

→ Identificar formas de trabajo en madera que complementan el trabajo estructural como son la marquetería y el curvado de madera o la talla.

1. Introducción

La madera es un recurso renovable abundante, al que se puede acceder de manera relativamente fácil y que se puede manejar también con facilidad. Procedente de las ramas y troncos de árboles y arbustos, ha sido utilizada desde la prehistoria hasta nuestros días. Se tiene constancia de su uso por homínidos desde hace 500.000 años. Tiene un papel fundamental en el desarrollo de las primeras sociedades, al proporcionar fuego, lanzas y herramientas.

Desde entonces, la madera ha acompañado al ser humano en su vida cotidiana y ha mejorado sus condiciones de vida. Se ha utilizado para materializar ideas en el campo de la arquitectura (cabañas, puentes, etc.) de la tecnología (ruedas, embarcaciones, etc.), mobiliario y ocio (instrumentos musicales y juegos).

Por su versatilidad y calidez estética, la madera sigue siendo un material muy utilizado y apreciado. Tanto es así que, al ser un recurso natural, se exige responsabilidad en su uso. Algunos tipos de madera son un bien escaso y gozan de protección.

En la presente unidad veremos cómo se comercializa en la actualidad este material, los equipos necesarios para trabajar la madera y qué posibilidades tiene en al marco de la artesanía. Para ello nos basaremos en las experiencias de Raquel y Sergio en su taller de madera Nogalina.

2. Introducción al trabajo en madera

 HILO CONDUCTOR

Raquel y Sergio se conocieron en la Escuela de Arte y al finalizar los estudios decidieron asociarse. Raquel es una apasionada del mundo del mueble y la decoración y Sergio es un excelente tallista. Pronto vieron que sus fuentes de inspiración y gustos estéticos compaginaban y que juntos podían crear piezas únicas para el hogar. Ahora tienen la tarea de decidir qué tipo de madera será la protagonista de sus trabajos.

El arte de trabajar con madera puede abordarse desde la carpintería, la eba-nistería o la talla.

Si bien la **carpintería** está más relacionada con la creación de estructuras y el uso de adhesivos, clavos y grapas para las uniones, el arte de la **ebanis-tería** se centra en el objeto de diseño y en especial en muebles con detalles que los hacen únicos. Es común el uso de finos ensamblajes y combinacio-nes con técnicas como el pirograbado, la marquetería o la taracea.

En el arte de la escultura se puede elegir la madera como medio expresivo. Mediante la **talla,** con las herramientas adecuadas, el tronco o el bloque de madera cobra la forma deseada.

Las tres formas de trabajo tienen como denominador común: la madera.

2.1. Qué es la madera

La madera es una materia prima procedente de árboles o arbustos y por tanto de origen vegetal, orgánica. Como materia viva, se ve afectada por el calor, la humedad y algunos parásitos.

Está formada por:

- **Celulosa,** fibra que constituye el esqueleto de los vegetales.
- **Lignina,** que le confiere la dureza y la rigidez.
- **Minerales.**
- **Agua.**

La presencia de taninos les confiere el color característico de cada tipo de madera y la presencia de azúcares (xilosa) la hacen atractiva a los parásitos e insectos.

A lo largo y ancho del planeta encontramos especies diferentes de plantas adaptadas a la geografía y al clima de cada lugar. La mayoría de las maderas proceden de estas dos grandes familias forestales: las frondosas latifoliadas y las coníferas.

Las hojas de frondosas latifoliadas se renuevan cada año.

Las hojas de las coníferas son perennes y adoptan distintas formas de aguja según la especie.

 SABÍAS QUE...

La comercializada como madera de balsa es la más ligera del mundo y es la excepción dentro de las latifoliadas, cuyas maderas se consideran duras.

2.2. Partes de la madera

Las partes que componen nuestra materia prima, en este caso lo que conforma un tronco de madera, son:

- **Corteza:** formada por células muertas. Son la defensa del árbol con el exterior.
- **Albura:** parte más esponjosa, blanda y húmeda del árbol.
- **Duramen:** es la parte que más interesa.
- **Núcleo:** también denominado corazón o médula, por ser quebradizo, tiene poco uso e interés.

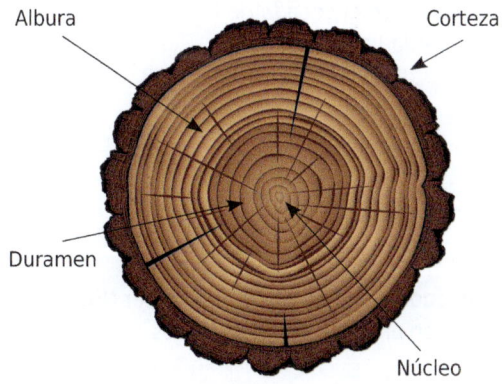

Albura
Corteza
Duramen
Núcleo

Para obtener una buena madera de trabajo influyen factores en su procesado como los siguientes:

- **Momento del corte:** elegir momentos en que no corra savia por el interior, como inviernos y periodos de luna menguante, pues la luna llena activa la subida de la savia.
- **Secado:** la madera verde debe secarse antes de su uso. Este proceso puede llevar años y conlleva una contracción de la materia. El correcto secado evita grietas, deformaciones y otros defectos provocados por la tensión sufrida en el proceso.
- **Almacenamiento:** un almacenamiento inadecuado puede producir el combado y pandeo indeseado de la madera.

La madera debe estar almacenada correctamente antes de su adquisición y mantenerse en el almacén del taller.

 **DEFINICIÓN**

Equilibrio higroscópico
Es el momento durante el secado de la madera en el que esta llega al mismo punto que la humedad ambiental.

 TAREA 8

Buscando proveedores de madera para el taller Nogalina, Sergio ha encontrado por internet uno con precios muy económicos. Deciden ir a visitarlo y encuentran

Continúa en página siguiente >>

<< Viene de página anterior

que las maderas a la venta están al aire libre, expuestas a la lluvia, sin indicar ni el lugar de origen ni la procedencia; además, los tableros y los listones se amontonan unos sobre otros sin orden ni distinción. ¿Crees que sería un buen proveedor de materia prima para su negocio? Razona la respuesta.

2.3. Características de la madera

Cada tipo de madera tiene sus particularidades, dependiendo de la planta de origen. A la vez, cada trozo de madera es único y diferente del resto, aun proviniendo de la misma especie, e incluso siendo extraído del mismo árbol. Las particularidades físicas de cada tipo de madera hacen que nos decantemos por el uso de unas u otras. Algunas de ellas son:

- **El grano:** depende de la estructura celular. Puede ser grueso, medio o fino. Las maderas de grano fino son más densas y pesadas.
- **El color:** en las coníferas es más claro. En las frondosas por la presencia de aceites es más oscuro.
- **La veta:** es el aspecto estético más llamativo de la madera. Es el patrón o dibujo que revela las líneas de crecimiento del árbol. El efecto es distinto según se obtengan por corte longitudinal o transversal. Pueden ser rectas, redondeadas, irregulares, en espiral o de aspecto entrecruzado.

Algunas especies como el olivo ofrecen un veteado muy interesante.

➲ **La textura:** está determinada por el tamaño de las células de la madera. Pueden ser:

ʊ **Fina:** poco espaciada, de aspecto homogéneo, tacto suave. Ejemplo: la haya.
ʊ **Media:** diferenciadas. Ejemplo: el pino.
ʊ **Gruesa:** muy espaciadas, muy diferenciadas, tacto ásperas. Ejemplo: la teca.

 TAREA 9

Sergio va a escoger unos trozos de madera maciza para tallar lo que serán los tiradores de una cómoda. Le preocupa el resultado estético y el tacto. Como es lo primero que hace quiere probar los resultados y cómo se le da el trabajo en dos tipos diferentes. ¿Qué características debe tener en cuenta a la hora de elegir?

3. Formas de presentación comercial de la madera

 HILO CONDUCTOR

En la búsqueda de proveedores para su negocio, Mario y Sara deben encontrar un almacén que cubra las necesidades de ambos. Dentro de la amplísima gama de productos que ofrecen los almacenes, van a apostar por el uso de madera natural y chapa.

Para el desarrollo del trabajo en madera, hoy día la industria nos ofrece muchas opciones. La mecanización en el tratamiento y el procesado ha ampliado las posibilidades del material, que, siendo el mismo, se presenta en distintos formatos y ofrece distintas posibilidades de uso.

Además de **madera natural** en estado puro, la industria maderera produce **maderas procesadas,** donde se mezcla con plástico, fibras o adhesivos.

Madera natural	- Listones - Tableros - Vigas - Chapas
Madera procesada	- Láminas - Tableros contrachapados - Tableros aglomerados

Los contrachapados se comercializan con distintos grosores y números de láminas.

Tableros de aglomerado laminado

 SABÍAS QUE...

El término *ebanistería* se empezó a usar en Francia en el siglo XVII para diferenciar los trabajos especialmente finos y exquisitos del resto de trabajos realizados en madera.

3.1. Chapas

La chapa de madera es un producto que resuelve aspectos estéticos y técnicos. Permiten tener en el trabajo el acabado estético de ciertas maderas que serían costosas o imposibles de trabajar en macizo.

Se trata de una fina lámina (unos 0,6 mm) obtenida de los troncos, resultado de un tipo de corte específico que se realiza de forma mecanizada. Las chapas de madera se obtienen por:

Desenrollo	Similar a como sacamos punta a un lápiz. El tronco gira y la cuchilla corta en forma de lámina.
Corte a la plana	Se cuadra el tronco y se obtienen láminas de cada cara plana con sierra.

Las diferentes partes del tronco de un árbol dan lugar a distintas texturas y veteados. Esto se traduce en una gran variedad de acabados, entre los que poder elegir para nuestro trabajo.

La chapa se usa para trabajos de taracea, revestimientos de suelos, muebles y trabajos de carpintería.

 TAREA 10

Imagine que quiere una mesa de madera de roble, pero se le sale del presupuesto. ¿Qué opción podrían para satisfacerle? ¿Qué ventajas tendría su elección?

3.2. Tableros

Los tableros manufacturados ofrecen soluciones muy diversas. Al ser una invención, su desarrollo se ha adaptado a diferentes necesidades, dando lugar a un amplio abanico de posibilidades y características. **Los tableros permiten obtener piezas de madera de grandes dimensiones.**

En líneas generales distinguimos entre tres tipos de tablero:

- **Los contrachapados:** se forman por la unión de planchas mediante adhesivos, Para lograr tableros más resistentes y evitar las deformaciones, la unión de las chapas se hace teniendo en cuenta la dirección de las fibras, alternándolas perpendicularmente, para contrarrestar las fuerzas que pudieran dar lugar a su movimiento. El número de chapas unidas para formar un tablero resistente debe ser tres como mínimo.
- **Los aglomerados:** como su propio nombre indica, están formados por partículas aglutinadas con adhesivo y por presión. El tamaño de la partícula de madera que lo conforma da lugar a distintos tipos de tablero. Estéticamente se perciben de partículas muy finas hasta astillas y virutas de gran tamaño. Es una forma de reutilizar lo que se podría considerar residuos.

La viruta puede quedar visible en sus caras, o pueden recubrirse con láminas de melaninas o plástico. Ofrecen multitud de terminaciones estéticas.

Los tableros MDF tienen una apariencia muy compacta.

Los paneles de aglomerado con viruta muy grande se dejan a veces a la vista utilizando la textura del propio panel como elemento decorativo.

➲ Los llamados **tableros de fibra o MDF:** se fabrican con la fibra de la madera. Esta se obtiene tras un procesado térmico que la reduce a hilos. Mediante el **aglutinado con resinas sintéticas y el prensado de las fibras,** se logran tableros de grandes dimensiones y apariencia homogénea y lisa. Pueden chaparse o laminarse, adquiriendo la estética del material de la lámina.

SABÍAS QUE...

MDF es la abreviatura de *Medium Desity Fibreboar* que se traduce como fibras de densidad media.

- -

En su acabado los tableros se presentan también con terminaciones, que lo hacen especialmente aptos o más resistentes a la humedad y al agua (hidrófugos) o al fuego (ignífugos).

TAREA 11

Luis quiere aprovechar mejor los espacios de su vestidor y ha decidido construir un sencillo estante para tener los zapatos. Cuando llega al almacén de bricolaje, encuentra en la sección de tableros una enorme variedad. ¿Podrías explicarle de qué y cómo están hechos los distintos tipos de tablero que tiene delante?

- -

4. El diseño de piezas de madera

☞ **HILO CONDUCTOR**

Raquel y Sergio reciben un encargo importante: el hotel Lagunas les ha llamado para que hagan el mostrador del recibidor de recepción. Ambos se desplazan para conocer *in situ* la ubicación del mueble y descubren que el espacio cuenta con un hueco en la pared que podrían aprovechar. Toman medidas y notas para crear un recibidor que se adapte al estilo y al espacio que el hotel ofrece.

El diseño de piezas de madera sigue el mismo procedimiento que el diseño de objetos en cualquier otro material. Es necesario una planificación del trabajo, partir de una fase de recogida de ideas iniciales, bocetos, elaboración de maquetas y pruebas de acabados que ayuden a previsualizar y **ofrecer soluciones** que conlleven a mejorar el resultado, antes de pasar a la elaboración de una creación definitiva.

Hay que tener en consideración aspectos fundamentales como la seguridad y uso, así como en algunos casos la estética y presencia del objeto acabado. Dado que la madera se usa en múltiples campos, la elección del tipo de madera a usar para un trabajo concreto estará determinada por factores como:

> El comportamiento del material en destino

> La adecuación al proceso durante el trabajo

El diseño está presente en todo lo que nos rodea. Cualquier tipo de objeto es susceptible de ser rediseñado.

En la previsión del uso al que será destinado, un buen diseño estructural garantiza un buen funcionamiento. El buen funcionamiento, a la vez, garantiza un uso seguro, pues una silla inestable puede tener como consecuencia una caída, así como una estantería con las baldas mal encajadas pueden provocar un accidente con daños materiales o personales.

Hay que tener en cuenta las tensiones y las fuerzas a las que se va a someter el objeto y compensarlas con un buen diseño estructural.

Ensambles, refuerzos y **armaduras** son elementos estructurales que hay que tener en cuenta a la hora de diseñar. De la aplicación del elemento adecuado puede depender el éxito del diseño.

Ensamble de cola de milano

Ejemplo de diseño y adaptación que permite el trabajo cómodo y evita lesiones

Uno de los usos más extendidos es la creación de mobiliario. Para esto último hay que tener en cuenta la condición de uso y de interacción que tienen con el cuerpo humano los objetos destinados a mueble. Según la experiencia previa de siglos usando la madera como material para fabricar muebles, existen unos criterios y medidas establecidas como estándares, para garantizar la posibilidad y la comodidad de su uso, basados en la ergonomía y la antropometría (estudio de las proporciones del cuerpo). Es importante conocer o consultar estos estudios antes de realizar cualquier pieza destinada a uso.

 **DEFINICIÓN**

Ergonomía
Estudia la relación entre personas y el medio que les rodea (máquinas, muebles y utensilios), con el fin de lograr la máxima comodidad y eficacia en su uso.

 **TAREA 12**

En vez de comprar un recibidor cualquiera ya hecho, el hotel Lagunas ha decidido encargar el diseño del suyo. ¿Por qué crees que ha tomado esta decisión? ¿Qué ofrece el diseño a medida?

- -

4.1. Objetivo de la simplicidad

Aunque pueda parecer lo contrario, hacer un diseño reduciendo el objeto a líneas básicas y que sea atractivo no es una tarea sencilla. El objeto desprovisto de detalles superfluos y adornos, además de una excelente realización práctica, necesita de un buen diseño para que el resultado sea atractivo. En la sencillez se hacen más visibles los defectos. Un buen diseño sencillo puede hacer protagonista de la sala a un objeto o mueble.

 SABÍAS QUE...

El artista Robert Morris, precursor del minimalismo en los años 60, dijo: "La sencillez de la forma no implica la simplicidad de su experiencia".

- -

Para lograr que el diseño en madera tenga atractivo estético, podemos pensar en actuaciones desde:

- **El material:** combinando maderas de distinto tipo, combinando la madera con otros materiales (hierro, vidrio, cerámica, etc.).
  La combinación de materiales puede ser un acierto o estropear todo un diseño. La realización de maquetas y pruebas previas ayudan a prever el resultado.
- **La forma:** la creación de efectos visuales por contraste de curva y planos sencillos puede variar la percepción que tengamos del objeto, lo que aumenta su interés.

La solución de puertas correderas en curva hacen que este sencillo mueble tenga un gran atractivo.

4.2. Diseño para la imagen

El contacto visual que tenemos con un objeto nos crea de inmediato una reacción de atracción, indiferencia o rechazo. La madera ya en sí misma es un material atractivo, cálido y con mucha presencia, pero podemos destacar aún más sus cualidades y atractivo aplicando algunos recursos técnicos y materiales:

Escoger piezas de madera atractiva
- Según la finalidad del objeto de diseño, escoger maderas que procedan de partes concretas o menos frecuentes puede ofrecer veteados únicos, como la procedente de raíz. Si es para realizar una talla escultórica, podemos necesitar todo lo contrario, homogeneidad, además de la ausencia de nudos, que dificultarían el trabajo.
- Técnicamente los recursos a la vista, como ensambles móviles u otras soluciones ingeniosas, son muy atractivos, pues sustituyen a las típicas bisagras o el uso de cola adhesiva.

Detalles
- El diseño puede verse reforzado con la presencia combinada de técnicas. La presencia de algunos detalles con pirograbado, incrustaciones o alguna talla delicada son recursos que dotan al objeto de un carácter único.

ACTIVIDAD COMPLEMENTARIA

6. Investiga tipos de ensamble poco usuales y que puedan resultar llamativos en un diseño de madera. ¿Qué los hace atractivos?

4.3. Adaptabilidad

Al hablar de adaptabilidad podemos hacer referencia a lo estético o a lo funcional:

➲ La **adaptabilidad estética:** es la capacidad del objeto de integrarse en el ambiente o espacio para el que ha sido diseñado. Si se conoce previamente la ubicación del objeto que diseñar, un estudio previo del lugar del emplazamiento nos permite diseñar para lograr La relación armoniosa del objeto con el entorno.
➲ La **adaptabilidad funcional:** es la capacidad de adaptar el diseño según el uso que vaya a tener y por quién vaya a ser usado.

4.4. Planificación

Antes de comenzar cualquier trabajo en madera es necesario hacer un trabajo previo, donde se establezcan y resuelvan algunos aspectos. Esto se realiza con intención de evitar problemas durante la ejecución, en el resultado final o en el propio uso. Así, tendremos que tener en cuenta lo siguiente:

➲ La planificación empieza en el **boceto.** Es importante tener unas primeras notas visuales. La planificación visual nos ayuda a tener una imagen real de lo que en principio solo está en la mente.
➲ La generación de **vistas:** antes de pasar a un trabajo, hay que tener claros las características del objeto en todas sus caras.

    〇 Planta: objeto visto desde arriba.
    〇 Alzado: objeto visto de frente.
    〇 Perfil : objeto visto desde uno de sus lados.
    〇 Vista sección: donde se muestra el objeto como cortado por un plano, revelando datos del interior.

Los prototipos a escala nos ofrecen una imagen de lo que será el objeto en realidad. Pueden hacerse de cualquier material: papel, barro, plastilina, madera, etc.

- Cuando conocemos el objeto en todas sus caras podemos crear un **prototipo.** Esto nos da una imagen cercana a la realidad y es susceptible de recibir modificaciones en caso de detectar necesidad de mejoras, pues aún estaremos a tiempo de corregir el diseño. Para una mejor percepción de las características reales del objeto se utiliza **la escala.**
  E = 1:1 = medidas reales. E= 1:2 (reducidas) E= 2:1 (aumentadas)
  E = 1: x (donde 1 es la medida en dibujo o maqueta que corresponde a x, que es la realidad)
- Previsión del material usado. El material tiene que adaptarse:

  - Al fin al que va destinado.
  - Al modo en que pensamos trabajarlo.

IMPORTANTE

El boceto es el primer paso para materializar una idea.

APLICACIÓN PRÁCTICA

Luis, como aficionado al bricolaje, ha decidido hacer un mueble para colgar en la cocina de su casa de alquiler. Tiene poco tiempo para

Continúa en página siguiente >>

<< Viene de página anterior

hacerlo antes de que lleguen los nuevos inquilinos y decide empezar el trabajo cuanto antes. Decide ponerse a trabajar e ir resolviendo los problemas según les vaya surgiendo. ¿Qué opinas? ¿Qué pasos le aconsejarías que siguieran?

Solución

Actuar sin planificar el trabajo en vez de ahorrar tiempo puede hacer que tardemos más. Debe primero hacer bocetos y planos. Si no tienen tiempo para hacer maqueta, al menos todas las medidas deben quedar definidas en los planos. Elegir el formato de las maderas que se vaya a usar, estudiar cómo se van a hacer las uniones y las juntas. Debe prever también si la estantería va anclada a la pared el sistema para colgarlo.

- -

4.5. Color y textura

El color y la textura determinan la apariencia visual del objeto. La madera ofrece multitud de acabados posibles, ya sea desde su propio aspecto al natural o porque actuemos sobre ella. A continuación, profundizaremos en estos aspectos.

Color

El color puede ser:

- ➲ **Natural:** depende del color de la propia madera.
- ➲ **Artificial:** por aplicación de agentes, que pueden ser tinte, barniz, cera, aceite, laca.

 **NOTA**

Antes de la aplicación directa sobre el trabajo, se recomienda hacer pruebas en las que se vean los resultados de la aplicación de una y varias capas, así como de posibles mezclas o cualquier intención que tengamos para el objeto definitivo.

- -

Color artificial

Podemos destacar el uso de diferentes agentes. Estos son los siguientes:

- **Tinte-anilinas:** se comercializan ya listos para su uso. Respetan y dejan ver el veteado de la madera. Según el medio en el que se disuelvan encontramos:

  a. **Al agua** (también disponible en polvo): fácil uso y aplicación. Levanta el grano de la madera.
  b. **Al alcohol** (disponible en polvo): más indicado para aplicar con pistola. No levanta el grano.
  c. **Al aceite:** añade protección a la madera. No levanta el grano.
  d. **Gel:** es un formato de tinte al aceite más espeso que lo hace especialmente indicado para teñir uniformemente en vertical.

- **Barnices y lacas:** crean una película sobre la superficie de la madera. Compuestas por resinas sintéticas, pueden necesitar la adicción de un catalizador para su secado o encontrarse listas para su uso. Pueden ser transparentes o de color. La aplicación se realiza con brocha o a pistola. Durante el secado hay que proteger la pieza del polvo. Para un buen resultado en el barnizado se requiere que la pieza este bien lijada y el poro cerrado. Para ello se aplica una capa de imprimación tapaporos después del lijado.
- **Cera:** comercialmente se encuentra líquida o sólida en barras. incoloras o teñidas. Puede aplicarse sobre otros acabados como tintes o goma laca. El resultado se hace visible cuando, una vez aplicada, se pule frotando la superficie con un trapo.
- **Aceite:** además de color, añaden protección extra contra agentes externos como el sol y el agua, pues crea una película más o menos impermeable. Por esto se usan para maderas expuestas en exteriores. Suele emplearse el aceite de linaza o el de teca.
- **Goma laca:** ofrece protección y color. Es apta para superficies de uso alimentario. No tóxica. Se encuentra en formato de escamas para disolver en alcohol o lista para su uso. Su uso requiere cierta práctica y destreza para lograr buenos resultados.

 **NOTA**

Hay que comprobar siempre la toxicidad de los productos para acabados destinados al uso culinario.

Textura

La textura de un acabado en superficie puede ser percibida de manera visual y táctil. La textura propia de la madera puede alterarse con acciones como el lijado, la talla y el propio barnizado.

El lijado puede ser a mano o con lijadora eléctrica, usando papel de grano de distinto grosor.

El barnizado puede ser brillante o mate y más o menos rugoso.

El tallado o marcado puede conseguir texturas en la superficie de la madera mediante la sustracción repetitiva de un mismo elemento.

Las marcas dejadas por las herramientas pueden ser dejadas como textura.

5. Herramientas y equipos necesarios

👉 HILO CONDUCTOR

Los pedidos van en aumento, así que Sergio y Raquel deciden hacer una pequeña inversión en maquinaria para su taller. El trabajo seguirá siendo artesanal, pero mecanizar parte del proceso de preparación de la madera les va a ahorrar tiempo y dinero.

Para trabajar la madera es necesario el uso de útiles y herramientas que posibiliten su transformación y adaptación a nuestras necesidades. Como en tantos otros ámbitos, el trabajo artesanal en madera ha visto cómo nuevas herramientas eléctricas y formas de mecanizado entraban en el taller, desplazando formas de hacer ancestrales. Sin embargo, para cualquiera que trabaje la madera no deja de ser un aprendizaje muy valioso el de las técnicas tradicionales.

5.1. Herramientas para serrar madera

El procedimiento más básico del trabajo con madera es el corte. Cuando este se produce con una sierra, se llama aserrado. Según el tipo de trabajo y el punto en el que este se encuentre, puede ser necesaria más o menos precisión, y sierras de distintas características que ofrecen aserrados distintos.

Las sierras son láminas de metal con dientes en disposición tal que producen una ranura en la madera, a modo de canal, también llamada entalla, hasta dividirla. Puede accionarse de forma manual o mecánica. La empuñadura está pensada para aprovechar la fuerza ejercida, llamada fuerza de ataque. Según la disposición de los dientes, las sierras pueden estar diseñadas para facilitar el trabajo en la misma dirección de la fibra (al hilo) o de forma transversal (a contrahílo).

A continuación, estudiaremos los diferentes tipos de sierra que existen para trabajar la madera. Para ello las dividiremos en sierras de corte manual y sierras de corte eléctricas.

Sierras de corte manual

Este tipo de sierras están diseñadas para realizar cortes limpios y precisos. Distinguimos las siguientes:

- **Serrucho:** de hoja triangular, larga y flexible. Corte basto.
- **Sierra de costilla:** hoja rectangular con refuerzo metálico en la parte superior que impide que se doble. Para trabajos de precisión y cortes rectos.
- **Sierra de punta o de aguja:** hoja triangular muy fina y puntiaguda. Permite cortes en curvas cerradas.
- **Sierra de bastidor:** particular estructura en forma de H. tensada por cuerda o alambre y sierra en la parte baja. Se puede sujetar con las dos manos.
- **Sierra de arco:** hoja sujeta por los dos extremos en una estructura metálica en forma de arco.
- **Segueta:** similar a la sierra de arco, el bastidor está especialmente curvado y el arco que presenta es mayor para facilitar ciertos trabajos. Las

sierras son muy frágiles y se utilizan especialmente en trabajos de marquetería.

El diseño y funcionamiento de la sierra de bastidor sigue siendo el mismo desde la Edad Media.

Los distintos tipos de sierra se adaptan a las necesidades de cada trabajo.

Sierras de corte eléctricas

Estas herramientas se utilizan para cortar en zonas profundas, largas y estrechas, donde hay un acceso complicado y no conseguiría entrar la sierra manual. Podemos destacar las siguientes:

- **Motosierra:** los dientes de corte están unidos a una cadena que, accionada por un motor eléctrico, gira a alta velocidad.
- **Sierra circular o de disco:** el corte se produce por sierra en forma de disco dentado. Disponible portátil o fija en mesa. Para cortes en cualquier dirección y tableros. Se puede ajustar la profundidad del corte y la inclinación.
- **Sierra de calar (caladora):** herramienta de mano. La hoja de la sierra efectúa un movimiento ascendente y descendente a gran velocidad. Indicado para cortes rectos y curvas.
- **Sierra de banda:** cuenta con una hoja de sierra fija de movimiento ascendente y descendente.
- **Sierra de sable:** cuenta con una hoja estrecha y dentada unida a una empuñadura de manera semejante a una espada de esgrima. Muy versátil, permite el acceso a puntos delicados o inaccesibles para otro tipo de sierras.

5.2. Afilado de sierras

El uso continuado de las sierras produce el desgaste y cierto movimiento en la disposición de los dientes. Cuando esto se produce, el trabajo se dificulta, la sierra se atasca y se necesita una dosis extra de fuerza que supone un desperdicio de nuestra energía fácilmente evitable con un buen mantenimiento de las herramientas.

Las acciones que podemos llevar a cabo para mantener las sierras son:

- **Igualado de la sierra:** deja los dientes a la misma altura, al mismo nivel.
- **Triscado:** vuelve los dientes a su posición correcta si se han torcido por el uso.
- **Limado de dientes:** afila las partes que entran en contacto con la madera para producir el corte.

En algunos casos, por el tipo de sierra no merece la pena o no es posible realizar esta labor y lo normal es comprar recambios.

5.3. Cepillos de desbastar y rebajar

El cepillo de desbaste es el primer cepillo que usamos en la elaboración de productos de madera; sin embargo, los cepillos para rebajar son más precisos, y se emplean para trabajar en zonas concretas de la madera. A continuación, mostramos con más detalles cuáles son y para qué se utiliza cada uno de ellos.

Cepillos de desbastar

Los cepillos de desbastado y rebaje son herramientas de corte que se utilizan para rebajar, alisar y ajustar encajes. Su funcionamiento se basa en una cuchilla fijada a un soporte a modo de caja que permite la salida de la viruta. Pueden ser de madera o de metal. Tienen distintos tamaños y funciones. Distinguimos los siguientes:

- **Juntera:** es el más largo de los cepillos (unos 600 mm). Proporciona un corte liso y plano, al no ajustarse a las posibles ondulaciones de la madera. Para conseguir superficies rectas.
- **Garlopa:** puede ser lisa o presentar ondulaciones para evitar la fricción en maderas resinosas. Uso similar a la juntera. Para aplanar y escuadrar. Mide entre 350-387 mm.
- **Cepillo de alisar (225 mm de base):** se usa para rematar el trabajo.

La viruta que corta la cuchilla sale hacia arriba.

Cepillos de rebajar

Los cepillos de rebajar se usan para crear rebajes o ranuras en zonas concretas. Podemos distinguir los siguientes:

- ➲ **Cepillo de banco:** la cuchilla es igual al ancho de su base. No tiene tope de profundidad, por lo que el uso de unas guías que hagan de tope ayudan a conseguir el resultado deseado.
- ➲ **Garlopín:** de tamaño menor que la garlopa. Cuenta con guía ajustable y tope para no excederse de la profundidad deseada.
- ➲ **Cepillo acanalador:** cepillo de cuchillas muy estrechas (no más de 3 mm). Especialmente diseñado para abrir canales en la madera. Este tipo de cepillo dio lugar a los llamados cepillos combinados, en los que sustituyendo las cuchillas se consiguen distintos tipos de canales según sean las terminaciones de estas. Este mismo funcionamiento se aplica a los cepillos de moldurar, donde las cuchillas presentan terminaciones de formas más complejas que dan como resultado molduras.

En la actualidad encontramos herramientas eléctricas que realizan estas tareas, cepillos eléctricos portátiles, al igual que los equivalentes eléctricos de los cepillos de rebajar serían las fresadoras y la máquina tupí. La oferta de terminaciones y rebajes posibles es muy amplia con esta maquinaria.

5.4. Formones y gubias

Los formones y gubias son herramientas de mano básicas para quienes trabajan la madera. Constan de una empuñadura y una hoja de corte metálica de acero templado. Tradicionalmente los mangos siempre han sido de madera, actualmente se fabrican también de plástico. Existen varios tipos de hoja y se fabrican en diferentes tamaños.

La forma en el acabado de las hojas de corte permiten distintas terminaciones, adaptándose a diferentes tipos de trabajo.

El formón acaba en punta plana y biselada. Mide entre 3-40 mm. El ángulo del filo hace que estén indicados para maderas más o menos duras. Un mayor ángulo facilita el trabajo con maderas más duras.

La gubia, sin embargo, acaba en punta de distintas formas que crean distintas huellas. La hoja puede ser recta o curva (llamado codillo). La terminación en la hoja de corte puede ser de recta a curva, cada vez más acusada hasta llegar a la V.

Gubia de boca plana

Entreplana

Media caña

Cañón

Vértice

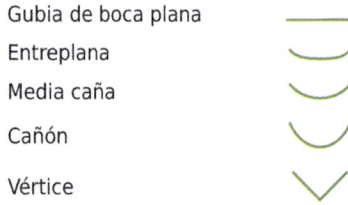

Dentro de cada familia, hay muchas variantes que las adaptan a trabajos específicos. Algunos ejemplos son:

- **Escoplo:** es un formón cuyo final, en vez de en ángulo recto, termina en ángulo.
- **Formón biselado:** la hoja de corte está biselada en todos sus lados.
- **Formón acodado:** su forma de S permite el acceso a zonas a las cuales sería imposible acceder con un formón normal por el tamaño.
- **Gubia de corte interior:** el borde afilado es el interno.

 **IMPORTANTE**

Al ser herramientas de corte, mantener en buen estado la cuchilla es fundamental. Para ello, cuando se guarden debe evitarse el roce con otras herramientas y las caídas que puedan mellar el filo.

- -

El trabajo con formones y gubias puede hacerse a mano o puede ser realizado con ayuda de una maza para golpeo. Las mazas destinadas a este fin son de madera, o con la cabeza de goma o de bronce.

Tallando con maza. El golpe se realiza en el extremo del mango de la gubia o formón.

 ACTIVIDAD COMPLEMENTARIA

7. Busca en internet imágenes que recopilen las distintas herramientas de corte que podemos encontrar en un taller de trabajo en madera. Luego, clasifícalas según sean manuales o mecánicas.

- -

5.5. Piedras de afilar

El afilado de la cuchilla es una tarea de mantenimiento que debe realizarse regularmente. Trabajar con la herramienta en óptimo estado, además de facilitar el trabajo y hacerlo más agradable, evita esfuerzos innecesarios y reduce los riesgos de accidente.

Con el uso continuado, las gubias y formones van perdiendo el afilado que posibilita el corte de la madera. Esto se detecta fácilmente cuando durante el trabajo se nos atasca la herramienta o el corte deja de ser fluido. Es el momento de afilar y asentar el filo.

Para el afilado de las herramientas encontramos en el mercado una amplia variedad de tipos de piedra. Cada una de ellas cumple una función; el uso de unas u otras se basa en las preferencias del artesano.

Podemos destacar los siguientes tipos:

- **Naturales:** la más empleada suelen ser los cuarzos. En el comercio encontramos la llamada piedra de Arkansas, que ofrece un afilado lento pero refinado. El número de gradación del grano es aproximado.
- **Sintéticas:** normalmente hechas de cerámica (carburo de silicio) o de polvo de diamante sobre una base de otro material.
- **Al agua:** se usan para evitar que las partículas de metal desprendidas de nuestra herramienta se acumulen en la superficie de la piedra y entorpezcan el afilado. Necesitan lubricación. Antes de usarlas deben saturarse de agua o pueden mantenerse continuamente sumergidas y listas para usar. Son blandas y por ello afilan rápidamente, pues exponen continuamente granos abrasivos nuevos.
- **Al aceite:** el medio empleado para suspender las partículas metálicas desprendidas en este caso es el aceite. Entre las naturales al aceite tenemos la piedra de Arkansas. Entre las artificiales, las hechas con carburo de silicio (*carborumdum*) o con óxido de aluminio (*corumdum*).

Están disponibles con distinta granulometría: grueso, medio o fino.

El afilado debe hacerse con movimientos de manera que se mantenga la forma original de la hoja.

Piedra de Arkansas en su estuche de madera

El formato de las piedras de afilado es también variado. El más común es el rectangular, pero se comercializan piedras con formas específicas que se adaptan y permiten el acceso a los diferentes tipos de filos de gubia.

 SABÍAS QUE...

Las piedras de afilar al agua procedentes de un distrito al Norte de Tokyo en Japón son muy codiciadas y tienen gran fama entre los artesanos de la madera.

El grano

El grano o granulometría de la piedra es la cantidad de partículas presentes en superficie. Según esto se produce una forma de abrasión más basta o más refinada.

Conviene realizar el afilado usando al menos dos tipos de grano, comenzando siempre por el más grueso y terminando con el más fino.

_____

5.6. Escofina y lima

Escofinas y limas son herramientas manuales para rebaje y desbaste utilizadas sobre todo en trabajos de talla. Constan de una hoja de metal con la superficie dentada y una empuñadura. La escofina provoca un corte, un rebaje más basto, y suele utilizarse al inicio de los trabajos. Las limas ofrecen un acabado más refinado.

El formato varía según sea la hoja (plana, curva o redonda) o según el corte (grueso, medio o fino).

Escofina con dientes de corte junto a limas que producen desgaste de superficie

Las diferentes formas de las hojas se adaptan a todo tipo de trabajos.

La escofina curva es una variedad mucho más pequeña, sin empuñadura y con los dos extremos acabados en superficies dentadas. Se utiliza para trabajar zonas de difícil acceso.

Las limas de aguja son de tamaño pequeño. Se adaptan a zonas específicas y oquedades.

La escofinas y limas Surform son muy prácticas. De la familia de los cepillos, el diseño de la superficie de corte permite que la viruta salga hacia arriba y quede recogida en un espacio dedicado dentro de la misma hoja.

NOTA

Para trabajar con escofinas y limas de forma segura es conveniente fijar la pieza al banco con una morsa o cualquier otra herramienta de fijación, de forma que quede inmovilizada mientras trabajamos.

5.7. Lijado de madera

La madera bien lijada presenta una textura suave y agradable al tacto. Consiste en frotar la superficie de la madera con una superficie abrasiva. Este procedimiento, que elimina la rugosidad y la aspereza del material, sirve también para preparar la madera antes de recibir cualquier acabado (anilinas, barniz, cera, etc.) y eliminar imperfecciones o arañazos.

NOTA

Se lija en el mismo sentido de la veta, sin apretar para no pulir.

Formatos

El papel de lija es aquel al que se le ha adherido material abrasivo en una de sus caras. Se vende en pliegos o en forma de esponja. El material más empleado para fabricar papel de lija destinado a madera suele ser el óxido de aluminio, el polvo de vidrio, el cuarzo, etc.

Se clasifican numéricamente según la presencia de grano. A mayor cantidad de grano acabado más fino, ideal para pulir. Las lijas con poca presencia de grano logran un acabado basto y se usan por ejemplo para decapar pinturas. Según la granulometría se clasifican en:

- Muy grueso (40-60)
- Grueso (80-120)
- Medio (150-180)
- Fina (220-240)
- Muy fina (260-320)
- Superfina (340-600)

Papel de lija para uso manual y para herramientas eléctricas

 **CONSEJO**

Conviene usar al menos dos tipos de grano para el lijado y terminar siempre con un papel de grano más fino que el anterior.

Para lijar superficies planas se enrolla el papel de lija sobre un bloque rígido de cualquier material y se frota. Para superficies curvas se usa el formato de esponja, por su capacidad de adaptarse a la forma que tenga la madera.

El lijado de manera mecanizada se realiza de la siguiente manera:

- **Lijadoras de mano eléctricas o portátiles:** su motor hace girar una base cubierta con papel de lija. La madera se mantiene fija y se desplaza manualmente la lijadora por la superficie. La posibilidad de cambiar las lijas las hacen versátiles para distintos tipo de trabajo, desde el desbaste hasta el pulido.
- **Lijadora de banda o cinta:** en este caso el papel de lija gira en una cita sujeta al banco de trabajo y el lijado se produce cuando ponemos la madera en contacto con la banda.

 **APLICACIÓN PRÁCTICA**

Como aficionado al bricolaje, Fernando quiere restaurar unas sillas que eran de su abuela. Necesita actuar con lija abrasiva para quitar la pintura. Entra en unos almacenes donde encuentra lijas de distinta numeración. Elige la numeración más elevada que encuentra, un papel de 600, dando por hecho que cuanto mayor es el número más lija. ¿Qué le dirías? ¿Está en lo cierto? ¿Qué papel debería elegir?

Solución

No está eligiendo bien. La numeración hace referencia a la presencia de grano abrasivo. Cuanto menor sea el número, más abrasivo será. Para quitar la pintura debería elegir por ejemplo entre 40-80 de grano.

5.8. Herramientas de medir y marcar

Antes de realizar cualquier operación directamente sobre la madera, es necesario establecer medidas y determinar los espacios de la actuación. Para ello usamos los útiles de medida y marcado. Estas herramientas con características particulares se adaptan a las necesidades y requisitos de cada parte del proceso de trabajo.

- **Lapicero:** es un lápiz de punta gruesa que deja un rastro gráfico no permanente sobre la madera. Se elimina fácilmente.
- **Metro plegable o de carpintero:** comúnmente de un metro de longitud, es un sistema de listones de madera provistos de bisagras que permiten el plegado.

- **Metro enrollable o flexómetro:** su sistema de cinta métrica flexible permite un rango métrico. Para el manejo habitual en el taller de madera suele bastar uno de 5 m.
- **Calibre:** es un instrumento de medida muy preciso. La medida se obtiene ajustando sus dos cabezales a los extremos del objeto medir. Se emplea mucho en mecánica para calibrar tornillos, tuercas, etc.
- **Regla de acero:** de medidas variables, ofrecen lectura en milímetros. Resulta útil para trabajos muy precisos.
- **Escuadra:** es una regla metálica con un añadido de metal o madera perpendicular que la hacen idónea para trabajos que requieren ángulos de 90°. Puede incluir o no escala métrica. Pueden indicar ángulos de 45° en la intersección.
- **Falsa escuadra:** la articulación de sus brazos permiten cambiar la posición y por tanto ofrece lecturas en cualquier ángulo.
- **Escuadra combinada:** es una herramienta multifunción. Están equipadas con distintos complementos para varios usos, medición, ángulos, nivelado, etc.
- **Cuchillo de marcar o marcador:** crea una incisión en la madera, útil para trabajo posterior con otra herramienta.

El trabajo de carpintería requiere de mediciones constantes y hay que contar con las herramientas adecuadas.

- **Reglas de acero:** no está milimetrada. Por grosor se utiliza como guía para efectuar marcas. Una de las caras ofrece un bisel.
- **Gramil:** es una herramienta que facilita el trazado de paralelas respecto a un borde. Cuenta con un brazo y un cabezal regulable, con una punta para marcado o para corte.

⮞ **Gramil de perfiles:** es una herramienta constituida por numerosas laminillas de metal móviles que adaptan la forma sobre la que se les oprime. Son útiles para reproducir perfiles de cierta complejidad.

⮞ **Marcadores de centro:** son piezas de metal con un diámetro determinado que determinan su centro con un saliente en punta. Se usan para poner ensambles de espiga.

5.9. Empleo de adhesivos para madera

Para la unión de piezas de madera se utilizan preparados en forma de colas y adhesivos desde hace siglos. Las uniones resultantes con estos adhesivos son totalmente fuertes y seguras. Los adhesivos pueden ser orgánicos o inorgánicos.

Dentro de los orgánicos, destacamos los de origen:

Animal
Es resultado de procesado de origen animal, como piel y huesos de animales, de donde obtienen colágeno, caseína, colas de pescado. Hoy día prácticamente en desuso. Requiere de preparación previa diluyendo en agua caliente.

Vegetal
Procedentes del procesado de vegetales, están basados en almidón, la soja o la acacia.

En cuanto a los sintéticos o inorgánicos, podemos distinguir los siguientes:

⮞ **Cola blanca, PVA:** el acetato de polivinilo es el adhesivo más extendido entre quienes trabajan la madera. Es un adhesivo al agua no corrosivo, ni tóxico que ofrece resultados excelentes. El exceso se limpia fácilmente con un trapo húmedo.

⮞ **Pegamentos por contacto:** tienen aspecto de gel. Según los componentes varia su tiempo de secado, lo que permite o no trabajos de ajuste al unir las piezas.

⮞ **Cola termofusible:** también llamada silicona caliente. Se presentan en barras cilíndricas, que pasan por un dispositivo con forma de pistola acabada en punta que las derrite.

⮞ **Resina epoxi:** es una resina de origen sintético extremadamente fuerte y versátil. Es bicomponente. Necesita mezclarse para comenzar su acción adhesiva. Se presenta comercialmente en formato barra o en formato gel. El exceso se limpia con alcohol metílico.

- ⮑ **Adhesivo de urea y formol:** es una resina resistente al agua que ofrece gran resistencia una vez endurecida.
- ⮑ **Resorcinol:** es una resina de uso combinado con un endurecedor. Funciona por contacto y presenta excelente resistencia al agua. Es el antecedente de la resina epoxi.

Además de los referidos, actualmente en el mercado encontramos innumerables soluciones de adhesivos sintéticos de distinta base, que ofrecen soluciones para uniones firmes y duraderas adaptadas a todo tipo de uso.

La cola es el adhesivo más común. Se aplica a las dos partes y se extiende por toda la superficie que se vaya a pegar.

 **IMPORTANTE**

A la hora de utilizar cualquier adhesivo sobre madera, la superficie debe estar limpia, sin polvo, sin grasa y plana.

La aplicación del producto, salvo que el fabricante diga lo contrario, se hace en las dos caras que se van a unir.

Puede ser necesario el uso de herramientas de sujeción para mantener las partes en contacto mientras se endurece el adhesivo.

Las herramientas de sujeción más comunes en el taller de madera son los sargentos, los tornillos de apriete y la morsa.

5.10. Taladros y berbiquíes

Para hacer agujeros en la madera sin dañar la pieza ni correr el riesgo de que se raje o astille, hay una serie de herramientas, cuyo funcionamiento está basado en la separación de fibras o en la penetración gradual, para evitar que la madera se expanda y se raje. Aunque este procedimiento puede llevarse a cabo mediante taladros eléctricos, hay una serie de herramientas manuales que conviene conocer:

➲ **Buril:** pequeña herramienta de mano similar a un destornillador pero con punta plana y cortante. Se utiliza para marcar y hacer agujeros en la madera.
➲ **Barrena:** su mango en forma de T facilita el trabajo de penetración en la madera por enroscado, para lo que cuenta también con una punta terminada en rosca. Se utiliza antes de taladrar para abrir el agujero.
➲ **Taladradora manual:** es una herramienta accionada por una manivela que hace girar un cabezal que sujeta una broca taladradora. La broca es la parte que produce el corte en la madera. Aunque la perforación sea siempre cilíndrica y circular, puede tener diferentes terminaciones y tamaños para conseguir distintos acabados. Las brocas son intercambiables y cumplen distintas funciones.

La broca para avellanar prepara la madera para encajar la cabeza del tornillo a ras de superficie.

➲ El **berbiquí:** es una herramienta de mano con forma de manivela. directamente con su giro acciona la cabeza con garras que sujetan las brocas. Su acción es mediante giro y presión. Para ejercer la presión cuenta con una zona redondeada en el extremo opuesto a la broca. Como en el taladro de mano, las brocas son intercambiables y cumplen distintas funciones según su forma.

El berbiquí ha caído en desuso por el uso de la taladradora eléctrica.

IMPORTANTE

Puesto que existen brocas especialmente diseñadas para el trabajo con metal, con madera y con hormigón, la elección de la broca debe ser acorde al material y al trabajo que vamos a realizar.

Como herramientas que funcionan por corte, es necesario que las brocas estén bien afiladas, para lo cual puede utilizarse la piedra de afilado y rematar el trabajo con pequeñas limas para metal.

Dentro de las taladradoras eléctricas, aparte del extendido taladro de mano, merece la pena mencionar la **taladradora vertical.** Es una herramienta robusta y fijada al banco de trabajo. Cuenta con una plataforma horizontal de apoyo para la madera (llamada mesa) y un eje vertical por el que se desliza el portabrocas en dirección a la mesa. Esta herramienta permite limitar la profundidad del taladrado. Se acciona cómodamente mediante una palanca.

5.11. Martillos

El martillo es una herramienta de mano que cumple varias funciones. Lo forman tradicionalmente un mango de madera (hoy pueden ser de goma antideslizantes) y una cabeza de hierro con forma de T con dos acabados. Los martillos tienen un extremo acabado en plano destinado a golpear (útil para clavos, puntas, etc.) y el otro cuyo uso varía según el tipo de acabado. Pueden tener forma de uña o de cuña. Distinguimos los siguientes tipos:

Martillo de uña
Extremo acabado en garra doble que permite la extracción de clavos.

Martillo con cuña
Extremo acabado en pico plano que permite clavar puntas sin peligro de golpearse los dedos y hacer palanca.

Martillo de carpintero
Acabado para golpear redondo o cuadrado. El otro extremo puede ser de uña o de cuña.

Martillo de ebanista
Es un martillo poco pesado y más manejable que el de carpintero. Cuenta con un extremo acabado para golpear y otro en forma cuña.

Martillo de bola
Extremo acabado en semiesfera. Es muy utilizado en metalistería.

6. El taller

👉 HILO CONDUCTOR

Tras unos meses funcionando, Raquel y Sergio han detectado que necesitan hacer algunos reajustes en la distribución del taller. Lo que al principio les pareció buena idea se han dado cuenta de que no es práctico. El uso de la maquinaria les entorpece el paso y no se hace cómodo cuando otro está en el banco de trabajo. Tras estudiar varias opciones, deciden colocar la maquinaria de manera que tendrán más sitio para el paso y les quede una pared libre para colocar más herramientas. Con este pequeño cambio trabajarán más cómodos y de forma segura.

La colocación del equipamiento, maquinaria y herramientas en el taller para trabajo en madera requiere de una **planificación.** Con esto se garantiza que el trabajo se pueda llevar a cabo y que se haga de forma **cómoda y segura.**

 IMPORTANTE

A la hora de establecer el lugar destinado a taller, hay que tener en cuenta que el trabajo en madera genera polvo y ruido.

Al trabajar con un material sensible a los cambios de humedad, será también un punto importante que tener en cuenta la necesidad de instalar **calefacción o aire acondicionado.**

La distribución de la maquinaria y las herramientas debe adecuarse al espacio disponible. Hay que planificar y diferenciar:

- ➲ Zona principal de trabajo
- ➲ Zona de maquinaria
- ➲ Zona de almacenamiento

Hay que tener en cuenta el tamaño de las piezas que manejaremos a la hora de distribuir los espacios.

Aunque las posibilidades son muchas y los tipos de trabajo en madera también, podemos en líneas generales establecer ciertos **elementos básicos:**

- **Banco de trabajo:** es una mesa robusta y estable que contiene accesorios para facilitar distintos procesos del trabajo con madera. Los accesorios más útiles en un banco de trabajo suelen ser elementos de prensa, sujeción, guías y apoyo.
  Existen bancos de trabajo plegables y portátiles, por si no se dispone de mucho espacio.
- **Banco de herramientas:** es un banco con zona de trabajo y paneles verticales para la ordenación de herramientas y maquinaria portátil, de manera que estén siempre accesibles.
- **Aspirador portátil o extractor de polvo:** los aspiradores portátiles se adaptan a las herramientas de corte. Aspiran y recogen las virutas, y evitan la presencia de polvo en el ambiente.
- **Zona de almacenamiento:**

  - **Para madera:** si lo que se almacenan son **listones**, estos deben disponerse de manera horizontal en estanterías fijadas a la pared. Los **tableros** se colocarán de canto contra la pared. Los restos **sobrantes** pueden almacenarse en un cubo.
  - **Para productos:** los productos destinados a tratar la madera pueden guardarse en armarios o estantes a la vista. Conviene mantener la etiqueta del fabricante o en su defecto identificarlos y etiquetarlos con rotulador.
  - **Zona de maquinaria:** la maquinaria necesaria en el taller depende y varía en función del tipo de trabajo que se desarrolle, del formato de la materia prima de la que se parte y del espacio del que se disponible.

Podemos mencionar como ideal contar con una sierra circular y una sierra de cinta, un taladro vertical y una lijadora de banda. La cepilladora y la regruesadora son útiles para preparar los listones para el trabajo de forma rápida.

En caso de contar con maquinaria, su ubicación debe permitir el movimiento y el fácil acceso de las piezas de madera que se vayan a trabajar. Hay que tener en cuenta que quizá sea necesario acceder con tableros grandes o listones largos.

Otros aspectos que tener en cuenta:

- Disposición de los enchufes: evitar los cables cruzados por el aire o por el suelo.
- Iluminación: el taller debe estar bien iluminado para evitar accidentes, especialmente en las zonas de trabajo.
- Sistema de extracción al exterior: si es posible, para mejorar la calidad del aire en el ambiente y mantenerlo libre de humo, polvo y olores.
- Extintores: deben estar accesibles.
- Uso de equipos de protección como gafas y mascarillas para evitar la inhalación de gases y polvo.

7. Modalidades de trabajo en madera

 HILO CONDUCTOR

Cuando no tienen encargos de muebles, Sara prepara maderas para recibir incrustaciones en forma de tablero de ajedrez y Mario talla fichas con los sobrantes de corte. De este modo aprovechan el tiempo y recursos materiales, a la vez que amplían su oferta, ofreciendo una producción exclusiva y muy limitada de ajedreces únicos, donde hacen alarde del dominio de técnicas minuciosas como la marquetería.

Dentro del trabajo con madera se realizan otras técnicas y conocerlas sirve de complemento a los trabajos de carpintería y ebanistería. Algunas están relacionadas con aspectos estructurales, como es el curvado de la madera; otras como las técnicas de marquetería, a la decoración de superficies, o la talla, una modalidad de trabajo en si misma. Dominar estas otras formas de trabajar la madera amplía nuestros recursos a la hora de afrontar nuevos trabajos y aumenta el rango de soluciones que podemos aportar a un trabajo.

7.1. Marquetería

La marquetería es una técnica decorativa que requiere de cierta habilidad y una perfecta planificación del trabajo. Esta técnica consiste en la composición, por encaje de piezas independientes, de patrones y figuras sobre una superficie de madera.

En el trabajo de marquetería se diferencian distintas técnicas, como puede ser el ensamblado, la intarsia, la incrustación y la taracea. Unas requieren de tallado de hueco para albergar las piezas y otras no. Vemos a continuación las diferencias:

- La **intarsia:** es el **ensamblado** de piezas de maderas de diferentes características, cortadas de un mismo patrón. Puede tener un efecto tridimensional si se trabajan los extremos de cada pieza ensamblada.
- La **taracea:** crea superficie decorada mediante ensamble de piezas de distinta naturaleza que **encajan** perfectamente y que aportan distintas cualidades estéticas. Se encolan sobre una matriz labrada en hueco para albergarlas, dando como resultado una superficie lisa y continua. Las piezas pueden ser de chapa de madera o materiales diversos, como metal, hueso, marfil, nácar, etc.
  La variante conocida como **taracea granadina** se caracteriza por no requerir tallado en la madera matriz. Es más una composición que recubre totalmente la superficie.
- La **incrustación:** consiste en la retirada de material de la superficie de madera y su posterior reposición con chapa de madera o de otro material. Aparecen creando cenefas o detalles aislados en la superficie. Se comercializan tira y cenefas con patrones ya compuestos, que pueden ahorrar mucho tiempo y trabajo.
- La **marquetería francesa:** es una técnica que genera una superficie compuesta de pequeños fragmentos de maderas de distinta naturaleza embutidas en una matriz. El resultado puede ser aplicado sobre otra superficie de madera.

Herramientas

Los trabajos de corte de piezas de marquetería, por la delgadez de las chapas, pueden llevarse a cabo con cuchillo, segueta y sierras de calar. Para la adhesión antiguamente se utilizaban colas orgánicas, que hoy día se han sustituido por colas sintéticas. Para la sujeción y el mantenimiento de las piezas encoladas es útil una prensa.

 CONSEJO

Para obtener buenos resultados y realzar el efecto visual de un diseño es importante escoger las piezas de la composición, teniendo en cuenta la dirección de la veta. En el montaje se pueden disimular pequeños huecos surgidos entre las piezas ensambladas, rellenando con polvo de madera del mismo color.

 ACTIVIDAD COMPLEMENTARIA

8. Dentro de la historia de la marquetería, hay piezas que destacan por diversos motivos. Investiga sobre la creación más famosa de marquetería de la historia: ¿quién la hizo? ¿Cuándo? ¿Para quién?

7.2. Talla

A la madera para el trabajo de talla se le exigen requisitos distintos a los destinados a mobiliario y carpintería. Lo que en ebanistería puede resultar atractivo, como la presencia de vetas y nudos, en un trabajo de talla puede ser un inconveniente técnico. Por esto la elección de las piezas debe hacerse con conciencia y previo estudio. Para un trabajo de talla, además de las cualidades estéticas de la materia prima, debe tenerse en cuenta el grado de dureza de la madera y el tipo de grano.

Los trabajos de corte y de tallado pueden combinarse para crear superficies de apariencia más ligera.

La talla es una técnica escultórica en la que se logra la forma por **sustracción** de material a una unidad sólida. Esta técnica no permite correcciones, por lo que podemos decir que es **irreversible.**

Mediante esta técnica se obtienen **relieves** y **formas exentas.**

Aunque se puede trabajar de forma libre sobre un trozo de madera (talla libre), lo normal es tener planificado el trabajo y realizar una serie de marcas en el trozo que tallar que nos dirijan visualmente. Cualquiera que sea el método de trabajo elegido, el resultado podrá tener apariencia de **hundidos o salientes** respecto de la superficie, dando lugar a:

- **Huecorrelieve:** la talla queda excavada en la superficie creando cavidades.
- **Bajorrelieve, mediorrelieve y altorrelieve:** el motivo parece emerger de la superficie en distinto grado según se elimina material de los contornos.
- **Forma exenta:** también llamada de bulto redondo. Pueden ser rodeadas 360° y ofrecen puntos de interés en todas sus caras. Se realiza sobre bloques.

El bloque

La talla de madera puede ejecutarse sobre una sola pieza de madera (llamada monoxilo), si esta se ajusta al tamaño que necesitamos; pero normalmente se hace necesaria la creación de un bloque sólido formado por la unión de varios o de piezas encoladas.

Las maderas que conforman un bloque de tallado deben ajustarse perfectamente, evitando oquedades y aire entre piezas, por lo que las superficies se desbastan de manera que las caras que se encolan queden totalmente planas. El trabajo de regruesado y cepillado puede ser manual o con maquinaria, si se dispone de ella.

NOTA

El trabajo de talla sobre bloques monoxilos de grandes dimensiones no es recomendable, pues la madera sufre contracciones muy fuertes, que suelen provocar grietas y el rajado del bloque.

El encolado de distintas piezas para lograr bloques o paneles se hace teniendo en cuenta la dirección de las tensiones que se generan en la madera

Herramientas

Es indispensable sujetar correctamente la pieza de madera al banco o al caballete durante el trabajo de talla. Esto puede hacerse mediante sargentos, tornillos de tallista o cualquier otra **herramienta de sujeción** que nos permita trabajar de forma cómoda. Una vez sujeta la pieza se puede proceder al trabajo. Para ello será necesario:

- Formones, cuchillos, cinceles y gubias para el corte
- Maza de golpeo
- Escofinas y limas

Pueden resultar útiles herramientas mecánicas como:

- ➲ Amoladora con cabezales para madera: pueden hacer el primer trabajo de desbastado de forma rápida.
- ➲ Dremel: puede resultar también útil para trabajar ciertas zonas por el tamaño de sus recambios.
- ➲ Lija para acabado.

 TAREA 13

En el almacén de maderas Sergio ha encontrado unos tableros que muestran gran textura y un marcado veteado. La madera presenta varios nudos grandes y oscuros a lo largo de toda la superficie. Sergio estaba buscando material para su próximo trabajo de talla. Razona si estas maderas que ha encontrado serían una buena opción y por qué.

7.3. Curvado de la madera

La madera curvada tiene una presencia especial. Por su naturaleza y procedencia, lo normal es que la madera se presente en forma de palos, tablas o vigas rectas. Es por esto que las piezas de madera que presentan curvas nos son tan atractivas. Hay detrás un trabajo nada sencillo y un dominio de la técnica que ponen de relieve el buen hacer y los conocimientos del artesano que la domina.

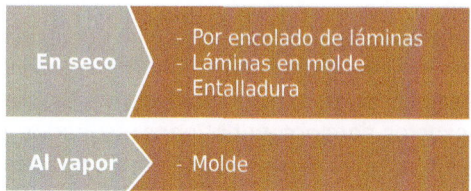

La elección del tipo de técnica estará determinada por la forma que se quiera conseguir y por el grueso de la madera que se vaya a doblar. Para las maderas más gruesas será necesaria la técnica de aplicación de vapor.

En cualquier caso, **el curvado debe hacerse en la misma dirección de la fibra,** para evitar debilitar la madera y que acabe rajándose.

Curvado en seco

Se consigue forzando a la madera a adoptar una posición mediante aplicación de fuerza. Según el formato y tipo de madera que tengamos, podremos proceder de las siguientes maneras.

Maderas finas y chapas

Este formato nos permite proceder mediante:

1. **Encolado simple de láminas:** se hace sobre tacos de madera, que sujetan las láminas con sargentos en la forma deseada.
2. **Moldes macho:** perfiles de madera sobre los que se sujetan las láminas, obligándoles a adoptar la forma del molde con sujeciones. Puede ser necesario un contramolde o molde hembra en sustitución de las sujeciones para lograr mayor presión y el curvado para ciertos trabajos.

 **NOTA**

La clave está en trabajar con moldes adecuados o buenas sujeciones y conseguir mantener la chapa en la posición deseada durante el secado del adhesivo.

Maderas de mayor grosor

Cuando la madera es gruesa, se aplica la técnica de **entalladura.**

La **entalladura** es un método que consigue curvar la madera gracias a que se le practican una serie de ranuras o cortes que le confieren cierto movimiento de plegado, creando el efecto de curva. Es una técnica que requiere de cálculos exactos para obtener buenos resultados. El espacio entre cada corte determina la curva obtenida. Los cortes pueden hacerse a mano con una sierra de costilla o con una sierra circular.

Es aplicable a maderas macizas y MDF.

Los tacos de madera protegen la madera curvada de posibles marcas dejadas por los elementos de sujeción.

Curvado por vapor

Aprovechando que la madera es sensible a los cambios de humedad, se puede **aplicar calor y humedad** en zonas específicas para conseguir reblandecer las fibras y variar su forma. Esto hace posible el curvado de ciertas maderas, algo que sería imposible hacer con métodos en seco. Permite crear curvas más cerradas.

El vapor se consigue hirviendo agua y haciéndolo pasar por una estructura en cuyo interior reposa la madera que se quiere doblar. El tiempo de exposición dependerá de la madera y de su grosor.

Una vez humedecida, se somete al molde, donde permanece hasta que se seque. El molde debe ser suficientemente fuerte y rígido para soportar la fuerza tendente a volver al estado original de la madera.

IMPORTANTE

Tras exponer la madera al vapor se cuenta con un tiempo limitado para manipularla. Una vez fría no se curvará.

Continúa en página siguiente >>

<< Viene de página anterior

La apariencia curvada de la madera resulta muy atractiva en el diseño de mobiliario y estructuras.

💬 CONSEJO

Te mostramos una serie de recomendaciones que tener en cuenta cuando realices el curvado de la madera:

• Corta siempre 10 cm más de longitud de la madera que quieras doblar para poder eliminar desperfectos en los extremos.
• Ten todo listo para usar (molde, sargentos, etc.), así para aprovecharás el tiempo de manipulación en caliente.
• La madera verde o recién cortada es más fácil de doblar.
• Si la madera está muy seca se puede humedecer con agua antes de someterla al vapor.

Contrariamente a lo que pueda parecer, debido a la disposición de sus fibras, algunas maderas consideradas duras son apropiadas para el curvado. Las más utilizadas son el fresno, el arce, el roble, la haya, el abedul, el olmo, el nogal.

 **APLICACIÓN PRÁCTICA**

Raquel quiere curvar una chapa de madera en seco con la técnica de entalladura. Para ello piensa proceder de la siguiente manera:

- **Determinar la distancia de las ranuras y marcar.**
- **Practicar las ranuras en una cara de la madera con la sierra circular.**
- **Doblar la chapa y dejarla fijada con herramientas de sujeción hasta que se seque.**

¿Es correcto? ¿Qué dificultades puede encontrar? ¿Qué debe hacer?

Solución

No, no puede hacer ranuras en una chapa. La chapa es una lámina de madera demasiado fina para practicar la técnica de entalladura, no es necesario ni posible. Dependiendo de la dificultad de la curva, debe hacer un encolado simple usando elementos de sujeción o usar un molde.

---

8. Resumen

La madera es una materia prima procedente de árboles y arbustos, principalmente coníferas o latifoliadas frondosas, lo que da lugar a maderas blandas o duras.

Al ser un material orgánico vivo le afecta:

Las distintas partes del tronco y las diferentes especies generan maderas con determinadas características en cuanto a:

La madera la podemos adquirir en estado natural o procesada en formatos:

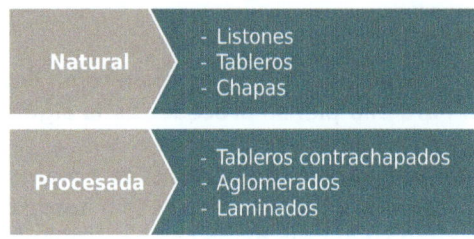

Natural
- Listones
- Tableros
- Chapas

Procesada
- Tableros contrachapados
- Aglomerados
- Laminados

La práctica creativa y la realización de objetos y muebles con madera se hace mediante el arte de:

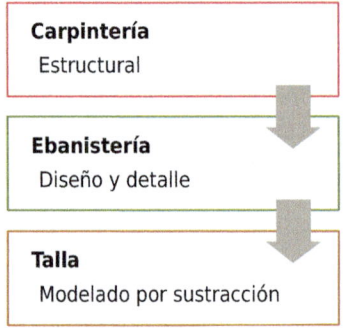

Carpintería
Estructural

Ebanistería
Diseño y detalle

Talla
Modelado por sustracción

El diseño implica el estudio de necesidades, la adecuación del material y la realización de bocetos y maquetas, con el fin de ofrecer soluciones a medida, seguridad de uso y resultados estéticos.

El taller para trabajar la madera debe:

- Estar bien organizado y distribuido.
- Contar con zonas diferenciadas para almacenaje, trabajo manual y maquinaria.

El trabajo en madera se realiza tradicionalmente de manera manual. Los procesos tradicionales se han mecanizado, de manera que el trabajo se realiza de manera más rápida y con menos esfuerzo.

Las herramientas necesitan un mantenimiento para ofrecer un buen resultado y asegurar un uso seguro. Para el mantenimiento de herramientas de corte se usan las piedras de afilar al agua o al aceite.

Otras técnicas de trabajos en madera son:

⊃ La marquetería, modalidades de taracea, incrustaciones, intarsia.
⊃ El curvado.

El curvado de la madera se hace:

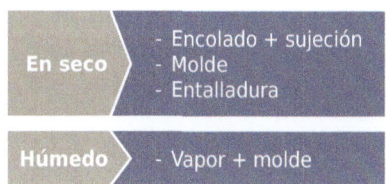

La talla de madera permite crear relieve, piezas de bulto redondo o exentas.

Ejercicios de autoevaluación
Unidad de Aprendizaje 3

1. **Los factores que influyen en que una madera sea buena para trabajar son:**

   a. El momento del corte, secado y almacenamiento.
   b. La buena albura y la humedad.
   c. El tipo de herramienta utilizada y el momento de corte.
   d. Todas las opciones son incorrectas.

2. **Indica qué concepto no es un acabado**

   a. Tinte-anilina
   b. Aceite
   c. Vapor
   d. Barniz

3. **Indica qué elemento sobra en la siguiente relación de maderas procesadas:**

   a. Aglomerado y contrachapados
   b. MDF
   c. Chapa
   d. Láminas

4. **Completa el siguiente texto:**

   La _____ se centra en el objeto de diseño y en especial muebles con detalles que los hacen únicos.

   a. taracea
   b. ebanistería
   c. carpintería
   d. cerámica

5. **El curvado de la madera se produce...**

   a. ... al romperse las fibras.
   b. ... al aplicar vapor y presión.

    c. ... con sucesión de ranuras.
    d. Todas las opciones son correctas.

6. Relaciona.

    a. Albura
    b. Duramen
    c. Corteza
    d. Núcleo

    __ Defensa del árbol con el exterior
    __ Parte más húmeda del árbol
    __ Quebradizo, sin interés
    __ Zona de mayor interés maderero

7. Indica los elementos estructurales que hay que tener en cuenta a la hora de diseñar.

_____

_____

8. Completa el texto:

¿Qué particularidad física de la madera revela las líneas de crecimiento del árbol creando patrones y dibujos?

    a. Veta
    b. Azúcares
    c. Minerales
    d. Todas las opciones son incorrectas.

9. Determina si la siguiente oración es verdadera o falsa: "En el papel de lija, cuanto mayor es el grano más suave y lisa queda la superficie".

    ■ Verdadero
    ■ Falso

10. ———— **pueden acabar en punta plana, semiplana, media caña y vértice.**

    a. Las brocas
    b. Los martillos y las mazas
    c. Los formones y las gubias
    d. Los berbiquíes y los taladros

Comercialización de productos artesanos

Contenido

Objetivos

El objetivo general de esta Unidad de Aprendizaje es:

→ Definir los aspectos relacionados con el producto y su venta.

Los objetivos específicos de esta Unidad de Aprendizaje son:

→ Lograr una visión general de los agentes implicados en la comercialización de productos.

→ Conocer conceptos y términos implicados en procesos de venta.

→ Aprender a establecer una imagen de producto coherente.

→ Saber establecer precios a productos con margen de beneficio.

→ Reconocer mercados y nichos de clientes.

→ Considerar canales de venta alternativos al propio taller.

→ Conocer sistemas de venta no física: *e-commerce* y *marketplaces*.

→ Conocer el trabajo con intermediarios y sus implicaciones.

1. Introducción

Los productos artesanales se caracterizan por ser únicos, originales, realizados en materiales de buena calidad y a menudo personalizados. Recogen, además de la forma de hacer tradicional de los lugares donde se da, el toque distintivo de las manos de los creadores. Sin embargo, estas cualidades no bastan para asegurar que estos productos tengan éxito y se vendan. Existen una serie de conceptos y estrategias que el artesano debe conocer y poner en práctica para lograr monetizar el trabajo realizado.

Para ello, nos seguiremos basando en las experiencias y decisiones de los propietarios de El Taller y de Nogalina, que acaban de iniciar su trayectoria y buscan la manera de conseguir clientes. Acaban de iniciar su trayectoria y buscan la manera de conseguir clientes.

2. Conceptos básicos de *marketing*

☞ **HILO CONDUCTOR**

Sara y Mario, de El Taller, han consensuado que para lograr más ventas y beneficios necesitan emprender acciones destinadas a lograr clientes. Para ello Sara hará un cursillo de *marketing online,* para establecer y definir aspectos sobre su producto, decidir precios, averiguar posibles nichos de mercado y coordinar la comercialización si deciden vender a minoristas. En definitiva, necesitan aplicar estrategias para consolidar ventas.

Cuando hablamos de **comercialización de productos** nos referimos a un conjunto de actividades orientadas a hacerlo llegar desde su origen al consumidor. Las iniciativas pueden estar relacionadas con la imagen del producto, con servicios o con información sobre este. Una parte importante de la comercialización de productos es la relacionada con el *marketing.* El *marketing* se basa en un intercambio que surge tras el estudio de los **deseos y necesidades** de los posibles consumidores.

 **DEFINICIÓN**

Marketing
Acciones planificadas y ejecutadas con el objetivo de influir en la decisión del consumidor, de manera que este se incline a elegir y consumir el producto objeto del *marketing.*

Para llevar a cabo acciones que influyan en la decisión final del consumidor, el artesano maneja estas variables:

producto - precio - promoción - presentación - proceso

Las decisiones que toma sobre ellas crean una **estrategia de *marketing*** que deben traducirse en ventas.

No solo es lo que vendemos, sino cómo lo vendemos. La presentación del producto al consumidor, más allá del producto en sí, es importante. Las cuestiones relacionadas con el tipo de embalaje, las ofertas y las promociones especiales, el modo en el que se ha realizado un trabajo, son factores que pueden hacer que el cliente elija nuestro producto y no los demás presentes en el mercado. Por tanto, de nuestro producto artesanal hay que saber **qué hay que comunicar y cómo comunicarlo.**

Distintos medios de hacer publicidad de una marca: tarjetas de visita, flyers, roll ups, pancartas, carteles, etc.

 **CONSEJO**

Tener un logotipo atractivo, hacer demostraciones del producto en uso, ofrecer obsequios y usar testimonios de otros clientes son estrategias de venta muy útiles.

No se debe confundir *marketing* con publicidad. Esta última es una actividad visual, escrita o auditiva creada para comunicar información de un producto, de manera que estimule la necesidad de consumirlo. Ayuda a divulgar el producto y lo hace llegar a sus potenciales clientes. La publicidad es una herramienta entre otras más del *marketing*.

El objetivo del marketing es hacer que nos elijan sobre el resto de opciones posibles.

La comercialización puede estar enfocada hacia el producto que ya producimos o hacia el mercado ya existente.

APLICACIÓN PRÁCTICA

La Boutique es una tienda de cerámica especializada en creaciones de porcelana. Utiliza porcelana de excelente calidad y aplica una técnica exquisita. Los diseños son finos y elegantes y han tomado la decisión de no invertir ni en *marketing* ni publicidad, porque el producto que elaboran es tan hermoso que destaca por sí mismo. ¿Crees que es una decisión acertada? Razona la respuesta.

Solución

No es una decisión acertada, porque no basta con tener un buen producto, hay que conectar el producto con el consumidor. Las estrategias de *marketing* ayudan a lograrlo. Hay muchos productos en el mercado y hay que orientar la elección del cliente hacia nosotros, cuidando otros detalles además del producto en sí.

---

3. El producto

HILO CONDUCTOR

El taller de madera Nogalina puede elegir entre varios tipos de madera y acabados para sus productos. La decisión de trabajar solo con maderas naturales, y evitar el uso de contrachapados y laminados, dará un toque de distinción a sus artículos, que no serán baratos, pero tendrán su propio público, personas más interesadas en la calidad que en el precio. El logo y la presentación de Nogalina se hará acorde con la imagen de sus muebles.

El producto objeto de intercambio en el mercado puede ser un bien material o un servicio o idea. En el ámbito de la artesanía que nos ocupa, haremos referencia y estudio a bienes materiales. Independientemente de si elaboramos piezas artísticas o utilitarias, es de vital importancia elegir bien con qué se hace nuestro producto y cómo se presenta al consumidor.

Antes de lanzar un producto al mercado, hay que decidir sobre factores importantes, como son:

- La **materia prima:** es la base del producto. Importa su procedencia y su calidad. El uso de materiales locales son un punto positivo que destacar en un producto artesanal.
  La elección de materia prima de buena calidad beneficia al producto final. Ofrecer un producto barato y de mala calidad puede generar ventas rápidas, pero será durante un corto período de tiempo. Materiales de buena calidad aseguran el uso, alargan la vida del producto y fidelizan a clientes, que seguramente recomienden nuestros productos a amigos y familiares. La mejor publicidad es la que te hace un cliente satisfecho.
- La **presencia-apariencia del producto y la marca:** el primer contacto que el cliente tiene con nuestro producto es visual. Además de un producto de calidad, es importante contar con un **logotipo** que nos identifique y nos haga reconocibles.
- **El logotipo:** es un reconocimiento gráfico de la marca. Pueden ser letras o dibujos que significan de forma casi esquemática a la empresa.
  La marca: es una concepción genérica de lo que ofrece un fabricante. Puede estar asociada a ideales, estilo de vida, valores, etc. Se crea mediante el *branding* o gestión de marca.
  Marca y logotipo no son lo mismo.

 **DEFINICIÓN**

Branding
Son las acciones que se emprenden con el fin de que el cliente asocie nuestra marca a ciertos valores y propósitos, y nos elija sobre el resto de competencia. La suma de estas acciones crea la imagen de marca.

El logotipo de esta marca son letras amarillas sobre fondo azul. A la marca asociamos que sus productos hay que montarlos, que son prácticos, económicos, modernos, etc. (y lo pensamos por la gestión de marca que aplican). Fuente: NP27 / Shutterstock.com

La elección y el diseño del logotipo debe respetar y estar acorde con las creaciones, de manera que se establezca una relación logo-producto, con el fin de crear una imagen coherente de marca. No tendría mucho sentido una línea de diseño tradicional con un logo de corte futurista.

Elegir **cómo se presenta el producto** al consumidor es una tarea tan importante como la fabricación del producto mismo. Exige reflexión y tomas de decisiones. Por ejemplo, producto directo o con embalaje, tipo de embalaje (bolsas, cajas, etc.; bioecológico o común, etc.), venta directa o por catálogo, etc.

 TAREA 14

María visita una feria de artesanía en busca de detalles de decoración que encajen con el estilo y la filosofía del alojamiento turístico que regenta en una pequeña localidad cerca del mar. Ante la imposibilidad de visitar todos los *stands*, decide estudiar los logotipos de cada participante para planificar su visita. ¿Ves correcto este criterio de selección? ¿Qué otro dato podría haber estudiado?

4. El precio

 HILO CONDUCTOR

El Taller ha creado una vajilla única con una arcilla local que presenta una coloración muy atractiva. Las piezas hechas con esta arcilla destacan sobre las demás hechas con arcilla comercial. Aunque el proceso de realización es el mismo, deciden que el precio de estos platos debe ser algo mayor. Le aumentarán el margen de beneficio por la dificultad de obtener el material y la exclusividad de este.

Cuando se realiza una venta, se produce un intercambio entre comprador y vendedor. El precio de venta es el **valor** en moneda que el artesano calcula que tiene su producto y que el comprador interesado debe abonar para adquirirlo. Este valor nunca es aleatorio y conlleva una serie de cálculos para asegurar ganancias.

A la hora de calcular el precio de un producto hay que tener en cuenta los siguientes aspectos:

- **Los costes de producción:** contemplan las inversiones económicas necesarias para la realización del producto. Lo primero que pensamos es en material y herramientas, pero hay otros factores que hay que tener en cuenta, pues para producirlo necesitaremos luz o electricidad, agua, un espacio o local que conlleve el pago de un alquiler, el embalaje, lo que invertimos en publicidad o el mantenimiento de la página web, entre otros gastos. Todos los **gastos derivados de la producción** deben ser tenidos en cuenta.
- **Tiempo necesario para la fabricación:** el tiempo que se invierte en la creación de un producto se valora económicamente. Aunque la estimación del precio del trabajo por hora es subjetiva, se puede establecer conforme a variables como la media del gremio al que pertenecemos, la zona geográfica, el momento del año, etc.
- **Impuestos:** son valores que repercuten en el precio de venta (IVA, IRPF, cuota de autónomo, etc.).
- El **margen de beneficio:** es una cantidad que el artesano estima. Puede tener en cuenta factores muy diversos, como son: la originalidad de su obra, la exclusividad de los diseños, la realización de piezas únicas, la dificultad técnica, etc.

 **EJEMPLO**

La fabricación de platos para una vajilla en el taller tiene un coste total de 27 euros. Si decides vender cada plato por 40 euros, el porcentaje de beneficio será de un 35 %, resultado de:

$$40 - 27 = 13$$
$$13 : 40 = 0,35$$
$$0,35 \times 100 = 35 \%$$

El PVP (precio de venta al público) es la cantidad final y total, con impuestos incluidos, que el consumidor tiene que abonar para adquirir un producto o servicio.

Entre los factores que determinan el valor de un producto, el área de producción es uno de ellos, si cuenta con una larga tradición y reconocimiento.

 APLICACIÓN PRÁCTICA

El taller Nogalina quiere realizar una producción de lámparas de diseño exclusivo y número limitado con madera de olivo de la zona. En costes de materiales calculan un promedio de 100 euros. Otros gastos aplicados suman 120 euros y el tiempo empleado por lámpara sería de 12 horas a 20 euros la hora. ¿A qué precio deben vender las lámparas para empezar a tener beneficios? ¿Qué margen de beneficio obtendrán si quieren vender las lámparas a 600 euros?

Solución

Puesto que la suma de costes es 460 euros (100 + 120 + (12 x 20)), el precio tendría que estar por encima de los costes para empezar a generar beneficios. Si las venden a 600 euros tendrán un margen de 23 %, resultado de (600 – 460) : 600 x 100.

5. El mercado

 HILO CONDUCTOR

Sara y Mario deciden participar en una feria de interiorismo. La feria recibe la visita de decoradores e interioristas, además de público general con interés en

Continúa en página siguiente >>

<< Viene de página anterior

el mundo de la decoración, que podrían encontrar en sus diseños la solución para resolver los espacios en los que trabajen.

El mercado en el mundo del *marketing* es el **conjunto de potenciales compradores** de un producto/servicio. Es un grupo que coincide en necesidades y gustos, y por tanto estaría dispuesto a establecer un intercambio con quien las satisfaga.

Hacer un **estudio de mercado** previo al lanzamiento de un producto o servicio puede ser de gran utilidad para garantizar el éxito. En un estudio de mercado se puede determinar la demanda real de tu producto, la mejor vía de comercialización y otros factores que pueden ser clave a la hora de sentenciar ventas.

Conocer las necesidades y gustos de los usuarios (el mercado) permite enfocar el producto para conseguir la plena satisfacción del cliente y de esta manera resultar elegidos sobre la competencia.

NOTA

Satisfacer las necesidades del mercado no significa hacer lo mismo que los otros artesanos o de manera similar. Ofrecer un producto genuino, original y auténtico es uno de los ganchos del trabajo artesanal.

5.1. El nicho de mercado

El nicho de mercado es el **conjunto específico de potenciales clientes** para un producto. Este conjunto tiene en común determinadas características y perfil de intereses. Pueden ser muy genéricos (como el de gente interesada en la cerámica artesanal) o muy específicos (como por ejemplo gente interesada en instrumentos musicales de cerámica).

Se puede determinar quiénes son tus potenciales compradores trazando un perfil de **cliente ideal.** Para ello se estudian y determinan características sociales y psicológicas, como la edad, el estatus socio-económico, los hábitos, las aficiones, el estilo de vida, los hábitos de compra, etc.

Todo ello ofrece una información relevante que se utiliza para enfocar el *branding* del producto/marca en una dirección.

 EJEMPLO

Mi cliente ideal es una persona muy comprometida con el medio ambiente. Ofrecer mi producto en bolsas de plástico me distanciaría de ser objetivo de su compra. Si por el contrario la imagen de mi marca es *ecofriendly* y uso envases de cartón reciclado, estaré cumpliendo con las necesidades de ese cliente potencial y podré ser objeto de su compra.

 APLICACIÓN PRÁCTICA

Con motivo de la celebración de la fiesta sobre gastronomía tradicional de la localidad acuden grandes cocineros de la región y aficionados a la cocina. Han ofrecido a El Taller poner un puesto con sus cerámicas en la puerta de donde se celebra el evento. Sara y Mario debaten sobre qué tipo de productos deben llevar a la feria. Tienen lámparas, útiles de cocina, esculturas, mosaicos de azulejos. ¿Qué productos crees que tendrán más posibilidad de vender? ¿Por qué?

Continúa en página siguiente >>

<< Viene de página anterior

Solución

Al ser una feria gastronómica, las herramientas y los útiles de cocina pueden interesar especialmente al público que asista. Sabiendo que son cocineros profesionales y aficionados al arte culinario, tenemos a los potenciales clientes para ese tipo de producto y lo lógico sería ponerlos a su disposición.

---

6. La distribución

HILO CONDUCTOR

El Taller ha conseguido que tres tiendas de la costa se interesen en sus productos y estén dispuestas a venderlos en sus estanterías. El verano es temporada baja en el interior y esto les permitirá mantener los ingresos en estas fechas. Tendrán que pensar en el embalaje y cómo coordinar el transporte.

El artesano, además de trabajar en el taller creando, debe prever la manera en que su producto va a llegar a los clientes. De esto se encarga la **distribución.**

DEFINICIÓN

Distribución
Es la ruta que recorre un producto desde que se crea/fabrica hasta que llega al consumidor.

Estas posibles rutas, en terminología de *marketing*, se denominan canales:

- Canal directo: artesano → consumidor
- Canal indirecto: artesano → intermediario → consumidor

La distribución puede darse a nivel local, regional, nacional o internacional.

Cuando el producto se vende a través de un intermediario o distribuidor, entran en juego nuevos aspectos que el artesano debe estudiar:

Planificación logística
- Almacenamiento
- Embalaje
- Transporte: ¿cómo se hará?

Precios para el distribuidor
- Margen de beneficio para ambos y repercusión en el P.V.P.

La **planificación logística** resuelve los aspectos derivados del reparto y la forma de almacenamiento, de forma que se haga de manera eficiente.

Un ejemplo de planificación logística sería crear rutas de reparto: designar un día para entregar nuestra mercancía en los distribuidores situados al oeste de nuestra localización y otro día para los situados al este. De esta manera se aprovecha el recorrido lineal y se ocasionan menos gastos de gasolina.

A la hora de establecer precios hay que tener en cuenta que el distribuidor cuenta con unas ganancias, por tanto, se deben ajustar los precios, de manera que:

➲ El margen de ganancia para el artesano siga siendo rentable.
➲ Se cubra el margen del distribuidor.
➲ El precio para el consumidor sea razonable. Los precios deben estudiarse y consensuarse con los distribuidores antes de iniciar cualquier relación comercial.

 TAREA 15

En El Taller, Sara envuelve las piezas de cerámica en papel y las entrega en bolsas de papel con su logo. Ahora que van a vender a través de un distribuidor, tienen que resolver otros aspectos. ¿Cuáles?

----

7. La comercialización

☞ HILO CONDUCTOR

Nogalina no se conforma con esperar que las ventas se produzcan porque alguien entre por la puerta de su taller. Necesitan visibilidad y alcanzar a más público que los viandantes del pueblo para que su economía funcione. Deciden abrir una tienda en un espacio virtual y ofrecer productos que pueden enviar por mensajería a cualquier parte del mundo.

Además de desarrollar un producto de calidad, el artesano debe pensar en la manera de comercializar el producto, que realiza con el fin de obtener un rendimiento económico. La comercialización de los productos comprende todas las medidas y **actividades que contribuyan a presentar sus artículos ante el mercado y ponerlos en manos de los consumidores.**

La manera tradicional de venta siempre ha sido la venta directa desde el propio taller del artesano, de su tienda o con la participación ferias. De manera indirecta, la presencia de sus productos en tiendas que hacen de intermediarias o contar con distribuidores. La venta por catálogo, por correspondencia y a domicilio también son opciones.

La venta directa puede darse en rastros y mercadillo o stands en ferias especializadas. La participación en un formato u otro también repercute en la imagen y el precio del producto.

Con la llegada de **internet** irrumpen en el panorama de la comercialización nuevas opciones y vías de venta, que han favorecido al sector de la artesanía:

⮞ Ha aumentado el alcance de **visibilidad** de los productos artesanales.
⮞ Ha hecho llegar los productos a un número mayor de potenciales **clientes de cualquier parte del mundo.**

Canal	Venta	Tipo de comercio
Directo	Física	Taller Tienda Ferias, etc.
	Internet	Web propia Tienda *online* Redes sociales
Indirecto	Física	Tienda distribuidora Galerías de arte
	Internet	*Marketplace* Galerías *online*

El comercio, es decir, la compra y venta de productos, que se realiza a través de internet se denomina ***e-commerce.*** Su funcionamiento es similar al de una tienda física: el cliente llega a una página que ofrece productos y hace una selección. Estos pasan a una carrito de la compra (página que hace el sumatorio y ofrece el coste total, opciones de pago y de envío). Cuando finaliza el proceso de compra, el cliente recibe en la dirección aportada su pedido.

Una de las ventajas que ofrece el e-commerce es que funciona todo el año y a cualquier hora.

IMPORTANTE

Si creas tienda *online* propia o web, has de tener en cuenta que la mayoría de las personas navegan desde sus móviles, por lo que es indispensable que tu web esté optimizada para estos dispositivos.

Otro término surgido de la digitalización de los espacios de venta es el de **marketplace.** Son plataformas de venta de productos que hacen de intermediarios entre los compradores y vendedores.

El *marketplace* es como un centro comercial virtual, en él confluyen ofertantes y demandantes. Cuando se produce una venta, la plataforma cobra una comisión.

En el caso de los *marketplaces* artesanales, la plataforma genera un espacio virtual donde los artesanos muestran su marca y sus productos a potenciales clientes que buscan específicamente este tipo de productos en webs especializadas.

Tanto los *e-commerce* como los *marketplaces* tienen la ventaja de no necesitar espacio físico destinado a *stock* que les condicione en cuanto a número tiendas y productos expuestos. Al ser virtual la presencia de artículos es ilimitada (aun así, determinados *marketplaces* pueden limitar el número de artículos ofertados por vendedor y ofrecer servicios prémium, cuya contratación te permita ofrecer más artículos o servicios.

Las compras por internet pueden resultar decepcionantes, pues se adquiere sin haber tenido la experiencia del contacto real con el producto. Es imprescindible usar buenas imágenes del producto. Fuente: 4kclips / Shutterstock.com

 **EJEMPLO**

Algunos ejemplos de *marketplace* dedicados a la artesanía de éxito son Etsy, Manos es más, Artesanium o Amazon Handmade. Estas son algunas de las plataformas que dan visibilidad a la artesanía auténtica.

 IMPORTANTE

Es importante informarse de las cuotas y comisiones aplicadas en cada una de las plataformas.

Cada manera de comercializar los productos tiene ventajas e inconvenientes. La elección de un tipo u otro de vía debe estudiarse, de manera que se obtenga una rentabilidad aceptable.

 ACTIVIDAD COMPLEMENTARIA

9. Investiga y elabora una lista con al menos cinco *marketplaces* especializados en la venta de productos artesanales (que no se hayan mencionado en la unidad).

8. Resumen

El *marketing* estudia al cliente (necesidades, gustos, etc.) y también el producto. Conecta el producto con su potencial cliente a través de acciones sobre:

Sobre el producto crea:

- La **marca:** hace que el consumidor asocie valores a un producto o fabricante concreto.
- El **logotipo:** crea una imagen gráfica reconocible para la marca.

El producto definido debe encontrar su posición en el mercado.

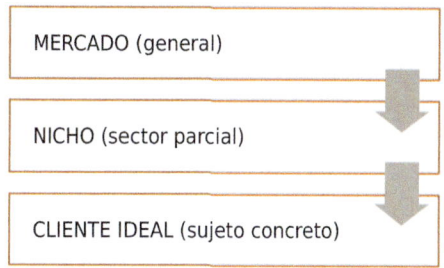

El producto llega a manos del cliente mediante la distribución.

Puede ser:

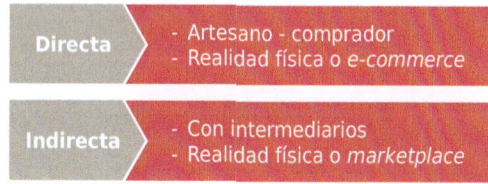

Ejercicios de autoevaluación
Unidad de Aprendizaje 4

1. Elige verdadero o falso:

El *marketing* influye en la decisión de los consumidores.

- Verdadero
- Falso

2. Señala qué concepto no está relacionado con la publicidad:

a. *Flyer*
b. Logo
c. Intermediario
d. *Roll-up*

3. Elige la opción correcta:

a. El nicho de mercado es un conjunto dentro del mercado.
b. El mercado es un conjunto dentro del nicho.

4. Termina la frase: El cliente ideal se encuentra...

a. ... usando buena materia prima y creando un buen producto.
b. ... con acciones de *branding*.
c. ... estudiando perfiles, características sociales y psicológicas.

5. Relaciona con flechas estos conceptos que determinan el precio del producto:

a. Impuesto
b. Costes
c. Tiempo
d. Margen de beneficio

___ empleado en fabricación
___ repercutido en precio de venta
___ cantidad estimada y variable
___ inversión económica

6. Determina si la siguiente oración es verdadera o falsa: "La forma de comunicación que elegimos para nuestro producto es importante para lograr su venta".

   ■ Verdadero
   ■ Falso

7. _____, son plataformas de venta virtuales.

   a. Las ferias y mercadillos
   b. Los *marketplaces*
   c. Los galeristas internacionales

8. ¿Qué opción no es correcta? Ventajas del *e-commerce:*

   a. No necesita almacén.
   b. No hay horarios.
   c. El contacto con el cliente es real.
   d. No hay alquiler de local.

9. Para evitar decepciones al vender por internet es muy importante:

   a. Un buen logotipo e imagen de marca.
   b. Un buen intermediario.
   c. Precios bajos.
   d. Buenas imágenes y fotografías de producto.

10. Elige la opción correcta sobre el concepto de *branding:*

   a. Desarrolla la imagen de la marca.
   b. Estudia cómo presentar el producto.
   c. Conjunto de estrategias orientadas a la compra de un producto.
   d. Las opciones a y b son correctas.

Glosario

Adhesivo
Producto que posibilita la unión de dos cuerpos o materiales.

Aglomerado
Tipo de tablero que se obtiene de aglutinar partículas con adhesivo.

Alúmina
Óxido de aluminio Al2O3.

Arcilla
Compuesto mineral formado por partículas procedentes de la descomposición de minerales, que al hidratarse se compacta y adquiere plasticidad.

***Ball-clay* o arcilla de bola**
Arcilla sedimentaria muy plástica.

Barbotina
Mezcla de arcilla con agua en forma de papilla semilíquida.

Beneficio
En términos económicos es obtener un rendimiento con ganancias, o sea, positivo.

Bentonita
Arcilla muy plástica añadida a pastas y a esmaltes, donde funciona como suspensivo.

Bizcocho
Pieza de arcilla sometida a una cocción sin barniz.

Boceto
Borrador que recoge información gráfica de un proyecto.

Branding
Conjunto de acciones y decisiones que se toman para crear la imagen de una marca.

Bruñido
Pulido de la superficie de arcilla endurecida. Se hace con piedra, plástico o metal.

Calado
Corte que atraviesa por completo la pared de arcilla y deja pasar la luz.

Caolín
Arcilla muy pura, blanca, principal componente de la porcelana.

Carpintería
Es el oficio dedicado a la creación con madera, mayormente centrado en crear estructuras arquitectónicas, muebles y otras soluciones (escaleras, muebles, puertas, bancos, etc.).

Contrachapado
Tipo de tablero de madera obtenido de la unión con adhesivos de varias planchas más finas.

Cerámica
Arcilla endurecida por acción del calor a altas temperaturas.

Chamota
Arcilla molida y endurecida por cocción. Añadida a las pastas mejora su resistencia al choque térmico, reduce la contracción y añade textura.

Cliente
Persona o figura jurídica dispuesta a pagar por un servicio o producto.

Colada (molde y arcilla)
Técnica para obtener piezas por vertido de arcilla líquida dentro de un molde que posibilita su extracción.

Defloculante
Agente que impide que las partículas se aglutienen aumentado la fluidez del engobe o esmalte.

Dureza de cuero
Momento en que la arcilla ha perdido la plasticidad pero aún no está seca.

Ebanistería
Oficio dedicado a la creación con madera de objetos de diseño, en especial muebles con detalles que los hacen únicos. Se caracteriza por ser trabajo más refinado que la carpintería.

E-commerce
Página web destinada a la compra o venta de productos por internet.

Emprendimiento
Proceso de arranque de un nuevo negocio o empresa.

Engobe
Mezcla de arcilla y agua a modo de barbotina para cambiar el color del cuerpo cerámico. Se aplica en dureza de cuero.

Ensamble
Táctica técnica para lograr la unión, encaje o enlace entre varios trozos de madera sin usar clavos ni adhesivos.

Ergonomía
Estudia la relación entre personas y el medio que les rodea (máquinas, muebles y utensilios) con el fin de lograr la máxima comodidad y eficiacia en su uso.

Esmalte
Capa vítrea que se forma sobre la superficie de un cuerpo cerámico. Se aplica en forma de polvo en solución acuosa y se fija mediante la cocción a altas temperaturas.

Fundente
Agente que ayuda a la fusión.

Herramienta
Objeto o maquinaria que hace posible o más fácil ejecutar un trabajo.

Horno
Espacio delimitado diseñado para retener el calor procedente de una fuente. Es el lugar donde se transforma la arcilla en cerámica.

Intermediario
Persona o empresa que hace de conexión entre fabricante y consumidor.

Lignina
Parte del tejido celular de las plantas que dota de rigidez y resistencia a la madera.

Logística
Serie de medidas aplicadas para conseguir el correcto funcionamiento y organización de empresas y distribución de producto.

Logotipo
Imagen gráfica y reconocible que representa a una marca.

Loza
Pasta de color blanco que cuece a media temperatura. Surge de la búsqueda de imitación de la porcelana.

Luthería
Arte y oficio de fabricar y repara instrumentos musicales de cuerda.

Marca
Imagen genérica de lo que ofrece un fabricante, puede estar asociada a ideales, estilo de vida, valores y se identifica por su logotipo.

Marquetería
Arte realizado con multitud de piezas de chapa de madera embutidas en una matriz formando patrones y dibujos.

Marroquinería
Arte de trabajo con cuero.

Materia prima
Material de origen cuyo procesado nos permite obtener bienes para uso y consumo.

Minimalismo
Corriente artística de los años 60 basado en formas básicas y ausencia de decoración. Su lema era: menos es más.

Mishima
Técnica decorativa con engobes en la que se practica un canal y se rellena de un color diferente al de la superficie.

Modelar
Dotar de una forma concreta a un material.

Molde
Es una pieza o conjunto de piezas en negativo cuyo vaciado da como resultado una pieza en positivo.

Monococción
Es un tipo de cocción que realiza a la vez el bizcochado y el vidriado de la pieza.

Óxidos metálicos
Surgen de la combinación de metales con oxígeno. Añaden particularidades a las pastas y esmaltes. Pueden ser colorantes, opacificantes, mateantes, fundentes...

Packaging
Todo lo relacionado con el embalaje y envoltorio del producto.

Patrimonio etnográfico
Son bienes materiales e inmateriales que se heredan por tradición y pertenecen a una cultura o localidad concreta. Pueden ser actividades, objetos o conocimientos, la lengua y las artes que identifican a una comunidad.

Pasta
Combinación de varias arcillas.

Pella
Porción de arcilla para trabajar.

Pigmento
Agente colorante preparado industrialmente con óxidos metálicos y fundentes.

Pirómetro
Herramienta para medir la temperatura dentro del horno.

Plasticidad
Cualidad de la arcilla por la que es capaz de adoptar una forma por aplicación de una fuerza sobre ella y mantenerla una vez esta fuerza deja de aplicarse.

Plataforma de venta
Página web de *e-commerce* que reúne a diversos fabricantes a modo de centro comercial virtual.

Porcelana
Pasta excepcionalmente blanca y translúcida que madura a partir de 1250°. Su principal componente es el caolín.

Precio
Es el valor en moneda que se le estima a un producto o servicio.

Promoción
Actividades emprendidas puntualmente para dar a conocer un producto o incrementar sus ventas.

Redes sociales
Comunidades virtuales surgidas con la aparición de internet con intereses comunes.

Reserva
Delimitación de un espacio al aplicar una técnica decorativa para que no coja color. Se hace con latex, cinta adhesiva, cera de abeja...

Refractario
Material cuyo punto de fusión es muy alto. Se emplea para fabricación de ladrillos para horno y accesorios.

Silicato de aluminio hidratado
$Al_2O_3.2SiO_2$. Composición básica de la arcilla.

Sílice
Óxido de silicio SiO_2. Combinación de Silice con Oxígeno presente en arenas y piedras como el cuarzo y el sílex.

Talla
Método que logra dar forma por sustracción de material de un bloque de origen.

Test de encogimiento
Fórmula y mediciones que se toman para determinar el porcentaje de encogimiento de una pasta.

Tiffany
Técnica de vidriería que consiste en la unión de piezas por un cordón de estaño.

Torno
Herramienta para dar forma a la arcilla mediante revolución. Puede ser manual, eléctrico o de pie.

Triscar
Poner en su posición correcta los dientes de una sierra.

Vaciado
Rellenar un molde con algún material para obtener una pieza.

Veta

Patrón o dibujo que presenta la madera como resultado de su dirección de crecimiento.

Bibliografía

Monografías

→ BLOOMSFIELD, L.: *Guía de esmaltes cerámicos. Recetas.* Barcelona: Editorial Gustavo Gili, 2018.

Manual práctico de recetas de vidriados y esmaltes.

→ CANO, C.: *Apuntes para una historia de la cerámica decorada.* Antequera: Exlibric. 2017.

Libro dedicado a la historia de la cerámica en todo el mundo.

→ CARUSO, N.: *Cerámica viva.* Barcelona: Ediciones Omega, 1986.

Guía de referencia muy completa de materiales y técnicas.

→ CHAVARRÍA J.: *Aula de cerámica: moldes.* Parramón. Badalona, 2014

Libro práctico sobre la elaboración de moldes para reproducciones cerámicas.

Colección Artes y Oficios.: *La talla. Escultura en madera.* 7.ª Edición. Barcelona: Ediciones Parramón, 2008.

Guía práctica sobre la práctica de la talla en madera.

→ GILBERT et al.: *Trabajos en madera.* Barcelona: Editorial Parramón, 2016.

Guía práctica de trabajos y acabados en madera.

→ JACKSON, A. Day, D.: *Manual completo de la madera, la carpintería y la ebanistería (12.º edición).* Madrid: Ediciones del Prado, 2004.

Manual de referencia para el trabajo con madera, carpintería, talla y ebanistería.

→ RHODES, D.: *Hornos para ceramistas.* Barcelona: Ceac, 1987.

Libro de referencia sobre la historia, desarrollo y operaciones de hornos de cerámica.

Textos electrónicos, bases de datos y programas informáticos

→ R Claves y estrategias para pymes artesanas, de: <https://www.gipuzkoa.eus/documents/1231150/70b2c0e3-0a88-cd8f-b191-4fbcf44c4b6b>.

> Presentación del Ministerio de Economía Industria y Comercio con datos sobre la artesanía y recomendaciones de estrategias para artesanos.

→ *El turismo rural cierra 2023 con todos los indicadores al alza,* de: <https://www.escapadarural.com/blog/observatorio-del-turismo-rural-2023-2024/>.

> Estudio estadístico sobre turismo rural y sus tendencias en España durante 2023.

→ Estudio sobre el mercado europeo de consumo de artesanía, de: <https://labois.com/tendencias/estudio-sobre-el-mercado-europeo-de-la-artesania/>.

> Artículo sobre perfiles de comprador y datos medios sobre artesanía basados en Europa

→ Guía de oficios artesanos, de: <https://www.diasdelaartesania.es/oficios-artesanos>.

> Página dedicada a los Días Europeos de la Artesanía. Recoge actividades e información sobre artesanía y clasificación por categorías.

→ *Marketplaces* y venta digital, de: <https://blog.hubspot.es/sales/que-es-marketplace#:~:text=Un%20marketplace%20es%20un%20espacio,log%C3%ADstica%20para%20soportar%20dichas%20transacciones>.

> Este blog explica todo lo que necesitas saber sobre los *marketplaces*.

→ Mercado y análisis de mercado, de: <https://thepower.education/blog/que-es-el-mercado-conceptos-de-marketing-digital>.

> Este blog explica el concepto de mercado y la importancia de su estudio para vender productos.

→ Oficios antiguos desaparecidos o casi extintos, de: <https://www.avantservicios.com/profesiones-antiguas-desaparecidas-hoy-en-dia-1-parte/>. <https://www.avantservicios.com/profesiones-antiguas-desaparecidas-hoy-en-dia-2- parte/>.

> Página dedicada a la recopilación de profesiones antiguas.

→ Red Española de Desarrollo Rural, de: <https://artesaniarural.redr.es/>.

> Información de actividades y actuaciones de los grupos de acción local especialmente dedicados a la artesanía.

→ Red Europea para el Desarrollo Rural, de:
<https://ec.europa.eu/enrd/leader-clld_es.html>.

> Esta web recoge toda la información relacionada con la Red Europea para el Desarrollo Rural.

→ Sobre el arte de la luthería, de:
<https://musicaantigua.com/lutheria-o-lauderia-el-arte-de-hacer-instrumentos-musicales/>.

> Página dedicada a la música antigua compuesta antes de 1750. Recoge eventos, historia, documentos y artículos sobre este asunto.

→ Sobre la historia de la marquetería, de:
<https://www.barcelonamarqueteria.com/definicion/marqueteria>.

> Página de la Asociación Barcelona de Marquetería con variada información sobre la técnica.